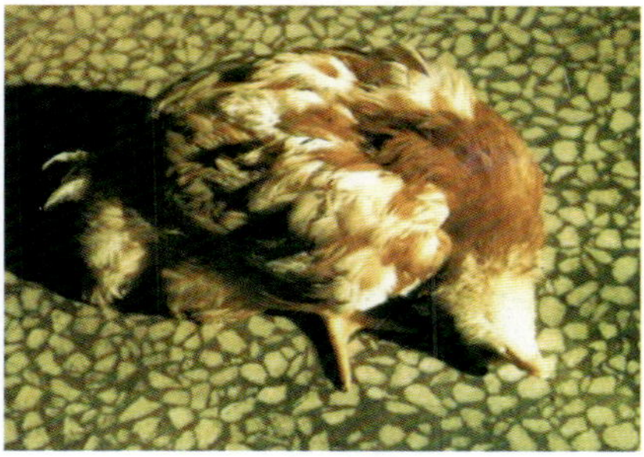

图 5-1 新城疫病鸡出现神经症状

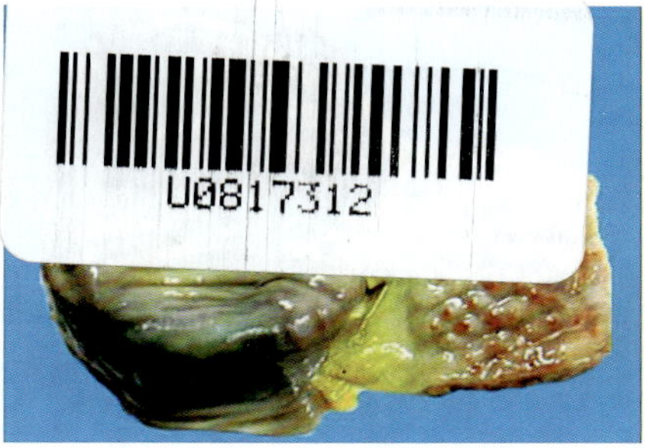

图 5-2 新城疫引起的腺胃乳头出血、水肿

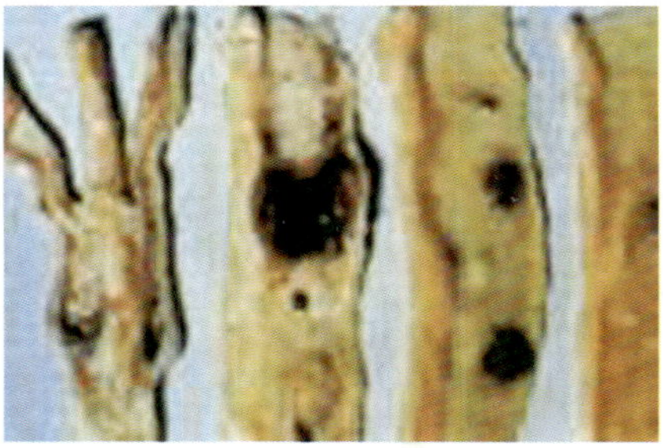

图 5-3 新城疫引起的肠道出血

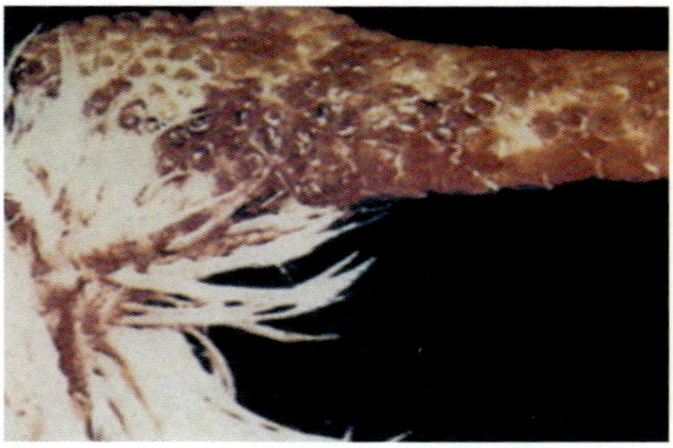

图 5-4 禽流感引起的腿部鳞片下出血

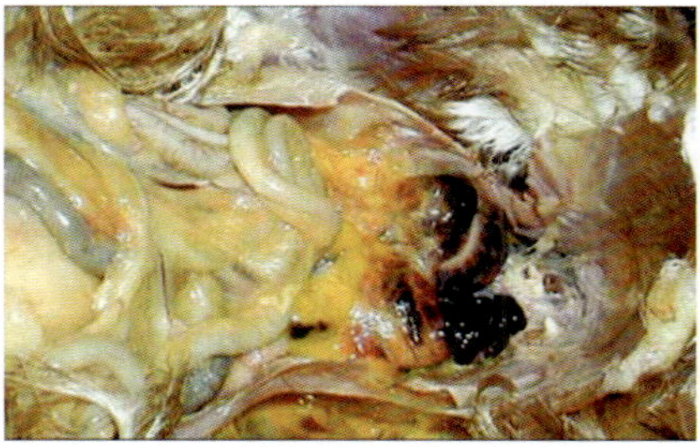

图 5-5 禽流感引起的输卵管水肿和脓性分泌物

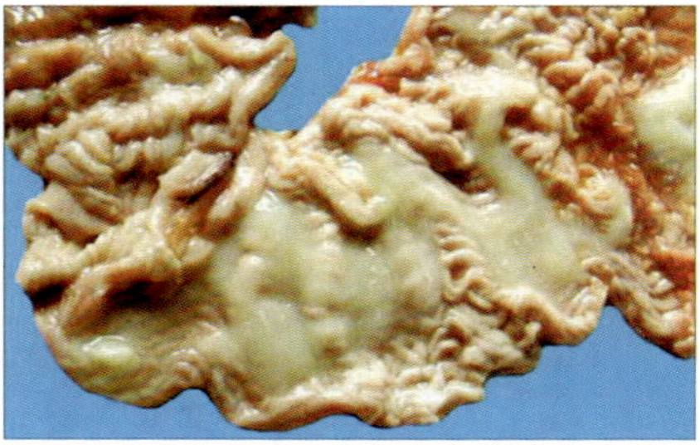

图 5-6 禽流感引起的卵巢软化变形和出血

图 5-7 传染性支气管炎病鸡张口呼吸

图 5-8 传染性支气管炎病鸡所产的畸形蛋

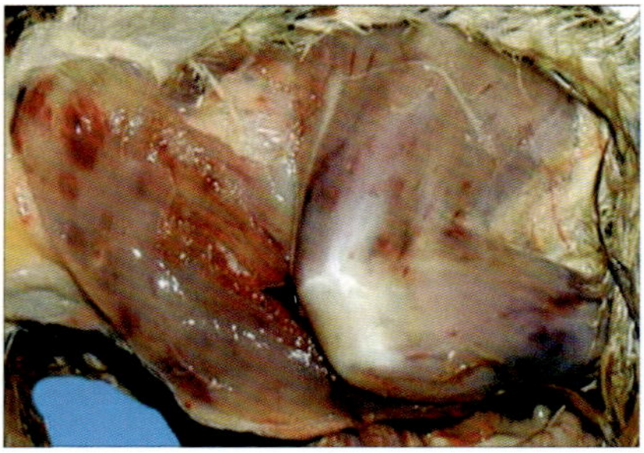

图 5-9 法氏囊病鸡胸肌、腿肌严重出血

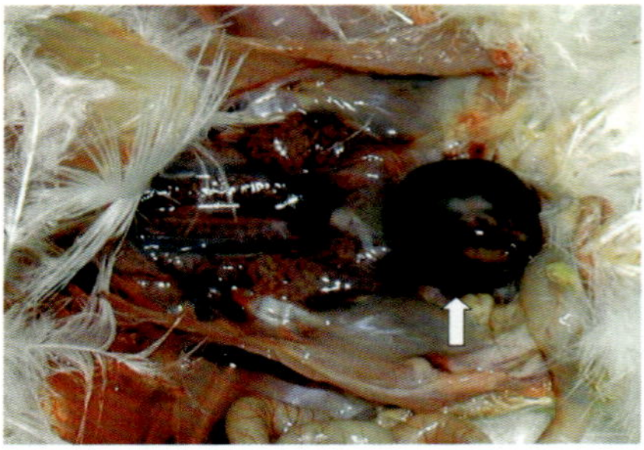

图 5-10 法氏囊病鸡法氏囊严重出血所呈现的紫葡萄外观

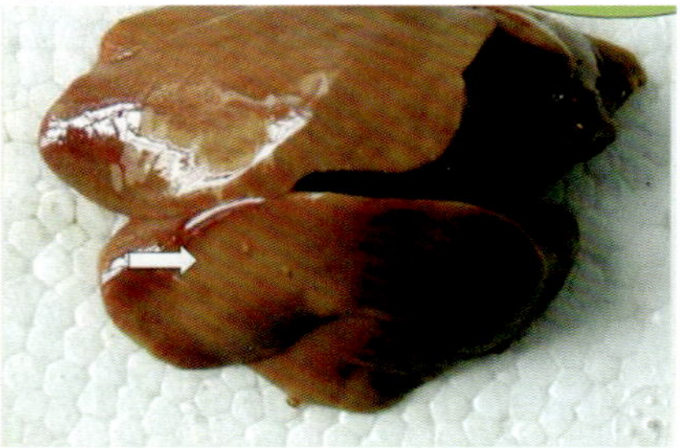

图 5-11 法氏囊病鸡肝脏呈土黄色

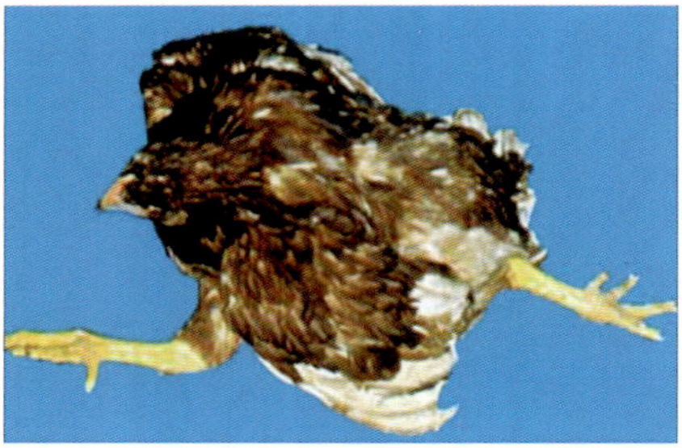

图 5-12 马立克病鸡瘫痪前的表现

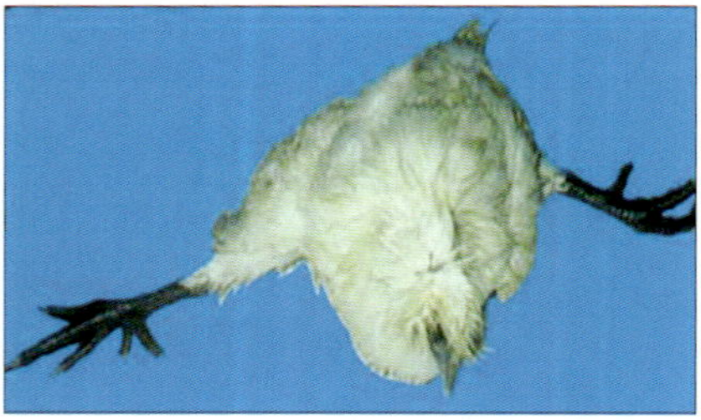

图 5-13 鸡马立克病引起的劈叉姿势

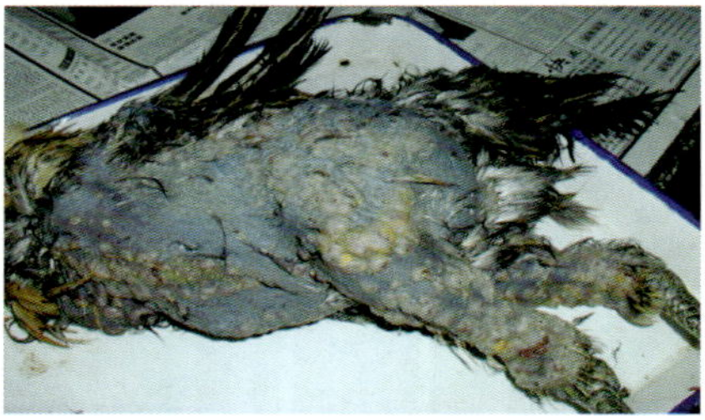

图 5-14 内脏型马立克病肝脏有肿瘤性结节

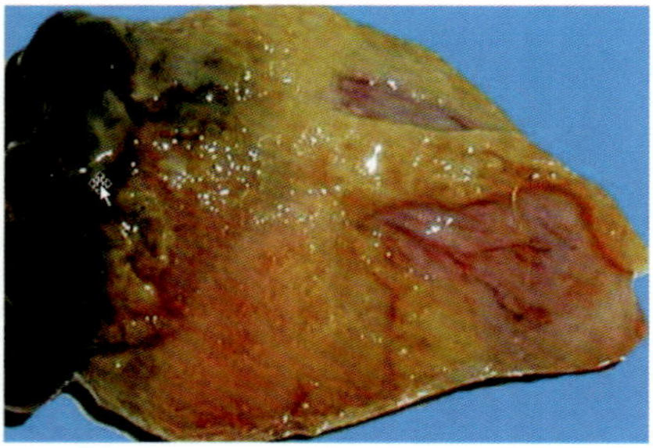

图 5-15 大肠杆菌导致的肝周炎和心包炎

图 5-16 慢性呼吸道病鸡头部肿胀

（图片来源于食品兽医网和西南民族大学精品课程）

"十一五"国家重点图书出版规划项目
养殖技术新概念丛书

蛋鸡养殖新概念

孙茂红　范佳英　主编

中国农业大学出版社
·北京·

图书在版编目(CIP)数据

蛋鸡养殖新概念/孙茂红，范佳英主编．—北京：中国农业大学出版社，2010.11

ISBN 978-7-5655-0120-3

Ⅰ.①蛋…　Ⅱ.①孙…②范…　Ⅲ.①卵用鸡-饲养管理　Ⅳ.①S831.4

中国版本图书馆 CIP 数据核字(2010)第 203878 号

书　　名　蛋鸡养殖新概念
作　　者　孙茂红　范佳英　主编

策划编辑　魏秀云　　**责任编辑**　李丽君
封面设计　郑　川　　**责任校对**　王晓凤　陈　莹
出版发行　中国农业大学出版社
社　　址　北京市海淀区圆明园西路 2 号　　**邮政编码**　100193
电　　话　发行部 010-62818525，8625　　读者服务部 010-62732336
　　　　　　编辑部 010-62732617，2618　　出　版　部 010-62733440
网　　址　http://www.cau.edu.cn/caup　　**e-mail** cbsszs @ cau.edu.cn
经　　销　新华书店
印　　刷　北京鑫丰华彩印有限公司
版　　次　2011 年 1 月第 1 版　2012 年 7 月第 7 次印刷
规　　格　850×1 168　32 开本　6.25 印张　152 千字　彩插 1
定　　价　16.00 元

编 写 人 员

主　编　孙茂红　范佳英

副主编　吴淑琴　刘华格

编　委　岳春旺　孙茂红　程玉芳
　　　　张兆琴　耿光瑞　任永霞

主　审　刘太宇

前　言

本书为“十一五”国家重点图书出版规划项目养殖技术新概念系列丛书之一，共分5章，内容包括蛋鸡品种良种化、蛋鸡养殖设施化、蛋鸡饲养管理规范化、蛋鸡营养供给适宜化、蛋鸡场防疫制度化。章前设有本章知识新亮点，章后设有本章重点提示，书后附有无公害食品——蛋鸡饲养管理准则(NY/T 5043—2001)、无公害食品——蛋鸡饲养饲料使用准则(NY 5042—2001)、无公害食品——蛋鸡饲养兽药使用准则(NY 5040—2001)。在编写过程中，我们力图从我国农村养鸡业的实际出发，在保持必要的科学性和系统性的基础上，以蛋鸡生产标准化和食品安全生产为导向，以蛋鸡饲养新概念为重点，贯彻少而精、可操作性强、实用性和先进性相统一的原则，充实了国内外养鸡业的新技术、新成果、新经验等内容，并融新技术于常规饲养过程中。

本书编排内容和形式灵活，尽可能地做到图文并茂，可供畜牧兽医类专业学生课外参考使用，也可作为基层蛋鸡生产技术人员的培训教材或参考书。

本书在编写过程中参阅了国内外有关文献和专著，并引用了其中的一些资料，编者对这些文献和专著的作者表示由衷的感谢。

由于我们水平所限，书中不妥之处，恳请读者批评指正。

编　者
2010年8月

目　录

第一章　蛋鸡品种良种化

本章知识新亮点：能生产"优质鸡蛋"的蛋鸡品种

绿壳蛋以其营养价值高，蛋壳颜色特殊，深受消费者的喜爱。地方鸡种以其独特健康的养殖模式（散养、放养等），形成了高的蛋品质量，均属于"优质鸡蛋"，在市场上占有非常重要的地位，是蛋鸡养殖的新亮点。

养鸡要盈利，首先要选择好品种，因为品种的遗传性能是决定生产性能的关键。有了一个适合本地区饲养的优良品种，再加上合理的营养、科学管理、有效的防疫以及正确预测市场需求，才能使鸡场蒸蒸日上，立于不败之地。

现代商品蛋鸡都是在原来标准品种的基础上，通过培育专门化品系进行配套杂交而形成的商品杂交蛋鸡。其具有体型较小、产蛋量高、蛋品质好、抗逆性强和饲料转化率高等特点。同时为了满足消费者对蛋壳颜色的要求，育种专家选育出白壳蛋鸡、褐壳蛋鸡、粉壳蛋鸡及惹人喜爱的绿壳蛋鸡。这些不同的品种各有其优缺点。

为了选择好蛋鸡品种，本部分将对鸡品种分类及不同品种鸡的外貌特点、生产性能作以简单介绍。

家禽品种是人类生活活动、生产活动的产物，人类根据自己的需要，经过长期有意无意的选择，培育出了适合自己的需要的家禽品种。鸡按经济用途分蛋用鸡和肉用鸡，蛋用鸡按蛋壳颜色分为白壳蛋鸡、褐壳蛋鸡和粉壳蛋鸡。

一、标准品种

1. 白来航鸡

白色单冠来航鸡是来航鸡的一个品变种，属轻型白壳蛋鸡。原产于意大利，是世界上最优秀的蛋用型品种，也是目前全世界商业蛋鸡生产中使用的主要鸡种。

外貌特征：体型小而清秀，全身紧贴白色羽毛，单冠（公鸡直立，母鸡倒向一侧），喙、跖和皮肤均为黄色，耳叶为白色。

生产性能：性成熟期早（开产日龄 140 d 左右），料蛋比小，产蛋量高，蛋壳白色，蛋重在 56 g 以上。成年公鸡体重 2.5 kg，成年母鸡 1.75 kg。无就巢性，适应能力强。

2. 洛岛红鸡

洛岛红鸡育成于美国洛德岛州，有单冠和玫瑰冠两个品变种。它是由红色马来斗鸡、褐色来航鸡和鹧鸪色九斤鸡与当地土种鸡杂交产生的兼用型品种。

外貌特征：羽毛深红色，尾羽近黑色，体躯略近长方形，头中等大，喙褐黄色，皮肤黄色。

生产性能：性成熟期晚（开产日龄 180 d 左右），产蛋量高，蛋壳褐色，蛋重在 60 g 以上。体型中等，成年公鸡体重 3.7 kg，成年母鸡 2.75 kg。目前广泛用于褐壳蛋鸡生产，作为杂交父系。利用其特有的伴性金色羽基因，通过特定的杂交形式可以实现后代雏鸡自别雌雄。

3. 新汉夏鸡

新汉夏鸡育成于美国新汉夏州，是由洛岛红鸡改良选育而成的。

外貌特征：体型与洛岛红相似，但背部较短，羽毛颜色略浅。只有单冠。体型较大。

生产性能：产蛋量、早熟性和蛋重等经济性状都比洛岛红鸡有所提高。而且适应性强，在现代蛋鸡商业杂交配套系中起着一定作用。

4. 白洛克

白洛克属兼用型品种。

外貌特征：单冠，冠、肉垂和耳叶均为红色；喙、跖和皮肤为黄色；全身羽毛为白色。

生产性能：产蛋量中等，蛋重较大。蛋壳褐色。白洛克鸡经改良后早期生长快，胸、腿肌肉发达，被作为生产肉用仔鸡的配套母系。

5. 狼山鸡

狼山鸡原产于我国江苏省南通地区如东县和南通县石港一带。1872 年由狼山输往英国而得名，后至欧美其他国家，1883 年承认为标准品种。狼山鸡有黑羽和白羽两种。

外貌特征：颈部挺立，尾羽高耸，呈 U 字形，胸部发达，体高腿长，外貌威武雄壮，头大小适中，单冠直立，冠、肉垂、耳叶和脸均为红色。皮肤白色。眼、喙、胫、脚皆黑色，胫外侧有羽毛。

生产性能：属兼用型，年产蛋 170 个左右；胸部肌肉发达，肉质好。适应性强，抗病力强。

6. 丝羽乌骨鸡

丝羽乌骨鸡原产于我国江西、广东和福建等省，用作药用和观赏。

外貌特征：身体轻小，头小、颈短、眼乌，羽毛白色，羽片缺羽小钩，呈丝状，与一般家鸡的正羽不同。外貌特征总结为“十全”，即紫冠、缨头、绿耳、胡子、五爪、毛脚、丝毛、乌皮、乌骨、乌肉。此外，眼、跖、趾、内脏及脂肪也是乌黑色。

生产性能：成年公鸡体重为 1.35 kg，母鸡 1.20 kg。年产蛋量为 100 个左右，蛋重 40～42 g，蛋壳淡褐色，就巢性强。

二、现代高产蛋鸡品种

现代商品鸡都是在原来标准品种的基础上，通过培育专门化品系进行配套杂交而形成的杂交鸡。蛋鸡具有体型较小、产蛋量高、蛋的品质好、抗逆性强和饲料转化率高等特点。但是各个品种的鸡，又都有其各自的缺点。所以，现在介绍如下几个品种鸡的生长特点及缺点。

现代蛋鸡一般分为白壳蛋鸡、褐壳蛋鸡、粉壳蛋鸡及绿壳蛋鸡4种类型。

(一)白壳蛋鸡

现代白壳蛋鸡全部来源于单冠白来航品变种，通过培育不同的纯系来生产两系、三系或四系杂交的商品蛋鸡。如京白904、京白823、海兰W-36、滨白42、星杂288等。一般利用伴性快慢羽基因在商品代实现雏鸡自别雌雄。目前国内外均以白壳蛋鸡的饲养数量最多，分布地区也最广。

白壳蛋鸡优点：开产早，产蛋量高；无就巢性；体积小，耗料少，产蛋的饲料报酬高；单位面积的饲养密度高，相对来讲，单位面积所得的总产蛋数多；适应性强，各种气候条件下均可饲养；蛋中血斑和肉斑率很低。这种鸡最适于集约化笼养管理。

白壳蛋鸡缺点：蛋重小，神经质，胆小怕人，抗应激性较差；好动爱飞，平养条件下需设置较高的围栏；啄癖多，特别是开产初期啄肛造成的伤亡率较高。

我国白壳蛋比褐壳蛋价格稍低，与褐壳蛋相比，白壳蛋不太受欢迎。主要品种有：

1.京白904

京白904为三系配套，是北京市种禽公司育成的北京白鸡系列中目前产蛋性能最佳的配套杂交鸡。父本为单系，母本为两个系。京白904最适合于密闭鸡舍饲养，在开放式鸡舍饲养时，产蛋性能发挥就略差一些。

突出特点：早熟、高产、蛋大、生活力强、饲料报酬高。在“七五”国家蛋鸡攻关生产性能随机抽样测定中，京白 904 的产蛋成绩名列前茅，甚至超过引进的巴布考克 B-300 的生产性能，是目前国内最好的鸡种。

生产性能指标：0～20 周龄育成率 92.17%；20 周龄体重 1.49 kg；群体 150 日龄开产（产蛋率达 50%），72 周龄产蛋数 288.5个，平均蛋重 59.01 g，总蛋重 17.02 kg；每千克蛋耗料 2.33 kg；产蛋期存活率 88.6%；产蛋期末体重 2 kg。

2. 京白 938

京白 938 是北京市种禽公司的科技人员为实现白壳蛋鸡羽速自别雌雄，减少翻肛鉴别公母带来的不利影响和费用，在原有京白 823 和 904 配套纯系的基础上，进行快羽和慢羽的选育而成的。从 1991—1995 年经过多批次几十个组合的测定，最后筛选出可通过羽速自别雌雄的、品系配套的 938 高产白壳蛋鸡，目前已成为公司的白鸡重点鸡种，逐步取代京白 823 和京白 904。

生产性能指标：20 周龄育成率 94.4%；20 周龄体重 1.19 kg；21～72 周饲养日产蛋 303 个，平均蛋重 59.4 g，总蛋重 18 kg；产蛋期存活率 90%～93%。

3. 滨白 42

滨白 42 是东北农学院利用引进素材育成的两系配套杂交鸡，是目前滨白鸡系列中产蛋性能最好、推广数量最多、分布最广的高产蛋鸡。

生产性能指标：0～20 周龄育成率 96.9%；20 周龄体重 1.49 kg；160 日龄达 50%产蛋率；72 周龄产蛋量 257.2 个，平均蛋重 58 g，总蛋重 14.92 kg，每千克蛋耗料 2.72 kg；产蛋期末体重 1.96 kg；产蛋期存活率 85.3%。5 184 只鸡的中试测定结果：72 周龄产蛋量 242.7 个，平均蛋重 58.2 g，总蛋重 14.13 kg，每千克蛋耗料 2.69 kg;产蛋期存活率 88.3%。滨白 42 适于东北地区的寒冷气候,关内也有分布,但数量不多。

4. 滨白 584

东北农业大学的专家从 1986 年起,引进海赛克斯白父母代作育种素材,与原有滨白鸡纯系进行杂交组合品系选育,经过 6 年的工作,1992 年筛选出品系配套的滨白 584 高产蛋鸡。

生产性能指标:72 周龄饲养日产蛋量 281.1 个,平均蛋重 59.86 g,总蛋重 16.83 kg,蛋料比 1∶2.53,产蛋期存活率 91.1%。目前在生产中滨白 584 已代替了滨白 42,得到大规模推广,主要分布在黑龙江省境内。种鸡饲养于哈尔滨市原种鸡场。

5. 星杂 288

星杂 288 杂交鸡是由加拿大雪佛公司育成的。该品种过去是誉满全球的白壳蛋鸡,世界上有 90 多个国家和地区饲养。

生产性能指标:20 周龄体重 1.25～1.35 kg,产蛋期末体重 1.75～1.95 kg,0～20 周龄育成率 95%～98%,72 周龄产蛋量 270.6 个,平均蛋重 60.4 g,蛋料比 1∶(2.2～2.4),产蛋期存活率 91%～94%。

6. 海赛克斯白

海赛克斯白系荷兰优利布里德公司育成的四系配套杂交鸡。以产蛋强度高、蛋重大而著称,被认为是当代最高产的白壳蛋鸡之一。

生产性能指标:开产日龄为 150～160 d,210～220 日龄产蛋高峰就超过 90%以上,总蛋重 16～17 kg。72 周龄产蛋量 274.1 个,平均蛋重 60.4 g,每千克蛋耗料 2.6 kg;产蛋期存活率 92.5%。1984 年北京市中日友好养鸡场饲养的海赛克斯白鸡,72 周龄入舍鸡产蛋总重分别达到 16 kg 和 16.13 kg,创国内蛋鸡生产水平的最高纪录。

7.巴布考克 B-300

巴布考克 B-300 系美国巴布可克公司育成的四系配套杂交鸡。世界上有 70 多个国家和地区饲养,其分布范围仅次于星杂 288。巴布可克公司已被法国依莎公司兼并,该鸡现称“依莎巴布考克 B-300”。该鸡的特点是产蛋量高,蛋重适中,饲料报酬高。

生产性能指标:0～20 周龄育成率 88.7%;20 周龄体重 1.46 kg;72 周龄产蛋量 285 个,产蛋期存活率 90%～94%,平均蛋重 58.96 g,总蛋重 16.8 kg,每千克蛋耗料 2.29 kg,产蛋期末体重 1.96 kg。产蛋期存活率 85.1%,充分显示巴布考克 B-300 的高产性能。法国依莎公司的“依莎巴布考克 B-300”曾祖代鸡已于 1987 年引入北京市种禽公司原种鸡场,该场是我国巴布考克 B-300 祖代鸡的唯一供种基地。

8.尼克白鸡

尼克白鸡系美国辉瑞公司育成的三系配套杂交鸡。祖代鸡于 1979 年引入广州市黄陂鸡场,目前有些地方仍有饲养,主要是作为育种素材使用。北京白鸡的Ⅷ系就是以尼克白鸡作素材选育的。

生产性能指标:71 周龄产蛋量 272 个,平均蛋重 60.1 g,每千克蛋耗料 2.5 kg;产蛋期末体重 1.81 kg;产蛋期存活率 92.54%。目前,沈阳市四台子尼克白种鸡有限公司饲养有尼克祖代鸡。

9.罗曼白

罗曼白系德国罗曼公司育成的两系配套杂交鸡。以其产蛋量高、蛋重大受到青睐。

生产性能指标:罗曼白商品代鸡:0～20 周龄育成率 96%～98%;20 周龄体重 1.3～1.35 kg;150～155 日龄达 50%产蛋率,高峰产蛋率 92%～94%,72 周龄产蛋量 290～300 个,平均蛋重 62～63 g,总蛋重 18～19 kg,每千克蛋耗料 2.3～2.4 kg;产蛋期末体重 1.75～1.85 kg;产蛋期存活率 94%～96%。目前,河南华罗家禽育种有限公司已引进罗曼白鸡的父母代。

10. 海兰 W-36

海兰 W-36 系美国海兰国际公司育成的配套杂交鸡。

生产性能指标：海兰 W-36 商品代鸡：0～18 周龄育成率 97%，平均体重 1.28 kg；161 日龄达 50% 产蛋率，高峰产蛋率 91%～94%，32 周龄平均蛋重 56.7 g，70 周龄平均蛋重 64.8 g，80 周龄入舍鸡产蛋量 294～315 个，饲养日产蛋量 305～325 个；产蛋期存活率 90%～94%。海兰 W-36 雏鸡可通过羽速自别雌雄。目前，引进海兰 W-36 祖代鸡的有山东空军肥城养鸡场、辽宁农垦辉山祖代鸡场、山西太原神州实验种鸡场。

11. 迪卡白

迪卡白系美国迪卡布公司育成的配套杂交鸡。

生产性能指标：500 日龄产蛋 299.5 个，平均蛋重 61.1 g，总蛋重 18.26 kg，每千克蛋耗料 2.4 kg；产蛋期存活率 97.9%。迪卡白祖代鸡目前已被引进我国山东济宁市祖代种鸡场。

(二)褐壳蛋鸡

褐壳蛋鸡复杂一些，特别重视利用伴性羽色基因来实现雏鸡自别雌雄。最主要的配套模式是以洛岛红(加有少量新汉夏血统)为父系，洛岛白或白洛克等带伴性银色基因的品种作母系。利用横斑基因作自别雌雄时，则以洛岛红或其他非横斑羽型品种(如澳洲黑)作父系，以横斑洛克为母系作配套，生产商品代褐壳蛋鸡。如依莎褐、罗曼褐、农大褐、星杂 56 等。近年来饲养量在世界上有增长的趋势。一方面是消费者对褐壳蛋的喜爱，另一方面是由于产蛋量有了长足的提高。

褐壳蛋鸡优点：蛋重大、刚开产就比白壳蛋重；蛋的破损率较低，适于运输和保存；鸡的性情温顺，对应激因素的敏感性较低，好管理；体重较大，产肉量较高，商品代小公鸡生长较快，是肌肉的补充来源；耐寒性好，冬季产蛋率较平稳；啄癖少，因而死亡、淘汰率较低；杂交鸡可以羽色自别雌雄。

褐壳蛋鸡缺点:体重较大,采食量比白色鸡多 5～6 g/d;每只鸡所占面积比白色鸡多 15%左右,单位面积产蛋少 5%～7%;这种鸡有偏肥的倾向,饲养技术难度比白鸡大,特别是必须实行限制饲养,否则过肥影响产蛋性能;体型大,耐热性较差;蛋中血斑和肉斑率高,感观不太好。褐壳蛋鸡主要品种有:

1. 依莎褐

依莎褐系法国依莎公司育成的四系配套杂交鸡,是目前国际上最优秀的高产褐壳蛋鸡之一。依莎褐父本两系为红褐色,母本两系均为白色,商品代雏可用羽色自别雌雄:公雏白色,母雏褐色。创造了国内引进鸡种产蛋最高纪录。因此近年来依莎褐在国内饲养数量剧增。

生产性能指标:商品代鸡:0～20 周龄育成率 97%～98%;20 周龄体重 1.6 kg;23 周龄达 50%产蛋率,25 周龄母鸡进入产蛋高峰期,高峰产蛋率 93%,76 周龄入舍鸡产蛋量 292 个,饲养日产蛋量 302 个,平均蛋重 62.5 g,总蛋重 18.2 kg,每千克蛋耗料 2.4～2.5 kg;产蛋期末母鸡体重 2.25 kg;存活率 93%。

目前天津市种禽公司、大连市种鸡场、杭州市近江种鸡场都引进了依莎褐祖代鸡,其中中国牧工商总公司华联祖代鸡场的规模最大。

2. 海赛克斯褐

海赛克斯褐系荷兰尤利布里德公司育成的四系配套杂交鸡。该鸡在世界分布也较广,是目前国际上产蛋性能最好的褐壳蛋鸡之一。父本两系均为红褐色,母本两系均为白色,商品代雏可用羽色自别雌雄:公雏为白色,母雏为褐色。

生产性能指标:商品代鸡 0～20 周龄育成率 97%;20 周龄体重 1.63 kg;78 周龄产蛋量 302 个,平均蛋重 63.6 g,总蛋重 19.2 kg;产蛋期存活率 95%。

目前全国各地均有饲养,普遍反映该鸡种不仅产蛋性能好,而且适应性和抗病力强。

3.罗曼褐

罗曼褐是德国罗曼公司育成的四系配套、产褐壳蛋的高产蛋鸡。父本两系均为褐色,母本两系均为白色。商品代雏鸡可用羽色自别雌雄:公雏白羽,母雏褐羽。

生产性能指标:罗曼褐商品鸡 0～20 周龄育成率 97%～98%,152～158 日龄达 50%产蛋率;0～20 周龄总耗料 7.4～7.8 kg,20 周龄体重 1.5～1.6 kg;高峰期产蛋率为 90%～93%,72 周龄入舍鸡产蛋量 285～295 个,12 月龄平均蛋重 63.5～64.5 g,入舍鸡总蛋重 18.2～18.8 kg,每千克蛋耗料 2.3～2.4 kg;产蛋期末体重 2.2～2.4 kg;产蛋期母鸡存活率 94%～96%。罗曼褐曾祖代鸡于 1989 年引入上海市华申曾祖代蛋鸡场,祖代和父母代鸡场遍布全国各地。

4.迪卡褐

迪卡褐是美国迪卡布公司育成的四系配套杂交鸡。父本两系均为褐羽,母本两系均为白羽。商品代雏鸡可用羽色自别雌雄:公雏白羽,母雏褐羽。目前中外合资的上海大江有限公司是我国迪卡褐祖代鸡规模最大的供种基地。父母代场遍布全国各地。

生产性能指标:商品代蛋鸡 20 周龄体重 1.65 kg;0～20 周龄育成率 97%～98%;24～25 周龄达 50%产蛋率;高峰产蛋率达 90%～95%,90%以上的产蛋率可维持 12 周,78 周龄产蛋量为 285～310 个,蛋重 63.5～64.5 g,总蛋重 18～19.9 kg,每千克蛋耗料 2.58 kg;产蛋期存活率 90%～95%。据欧洲家禽测定站的平均资料:72 周龄产蛋量 273 个,平均蛋重 62.9 g,总蛋重 17.2 kg,每千克蛋耗料 2.56 kg;产蛋期死亡率 5.9%。

5.黄金褐

黄金褐是美国迪卡布公司培育的配套系蛋鸡,其特点是体型较小,外貌与迪卡褐无多大区别。山东省济宁市祖代种鸡场已引进黄金褐祖代鸡。

生产性能指标：黄金褐商品鸡育成期育成率 96%～98%，产蛋期存活率 94%～96%。72 周龄入舍鸡产蛋量 290～310 个，平均蛋重 63～64 g，高峰产蛋率 92%～95%。蛋料比 1∶(2.07～2.28)。

6. 罗斯褐

罗斯褐为英国罗斯公司育成的四系配套杂交鸡。父本两系褐羽，母本两系白羽，商品代雏鸡可根据羽色自别雌雄。

生产性能指标：罗斯褐商品代鸡：0～18 周龄总耗料 7 kg，19～76 周龄总耗料 45.7 kg；18 周龄体重 1.38 kg，76 周龄体重 2.2 kg；25～27 周龄产蛋高峰，72 周龄入舍鸡产蛋量 280 个，76 周龄产蛋量 298 个，平均蛋重 61.7 g，每千克蛋耗料 2.35 kg。北京市进行的蛋鸡攻关生产性能统一测定中，罗斯褐商品鸡 72 周龄产蛋量 271.4 个，平均蛋重 63.6 g，总蛋重 17.25 kg，每千克蛋耗料 2.46 kg；0～20 周龄育成率 99.1%，产蛋期死亡淘汰率10.4%。上海市新杨种畜场曾引进罗斯褐曾祖代鸡。

7. 农大褐

农大褐是中国农业大学以引进的素材为基础，利用合成系育种法育成的四系配套杂交鸡，是“七五”国家蛋鸡育种攻关的成果。父本两系均为红褐色，母本两系均为白色。其特点是父母代和商品代雏鸡都可用羽色自别雌雄。商品代母鸡产蛋性能高，适应性强，饲料报酬高，是目前国内选育的褐壳蛋鸡中最优秀的配套系。

生产性能指标：0～20 周龄育成率 96.7%；20 周龄鸡的体重 1.53 kg；163 日龄达 50%产蛋率，72 周龄产蛋量 278.2 个，平均蛋重 62.85 g，总蛋重 16.65 kg，每千克蛋耗料 2.31 kg；产蛋期末体重 2.09 kg；产蛋期存活率 91.3%。

8. 海兰褐

海兰褐是美国海兰国际公司育成的四系配套杂交鸡。父本红褐色，母本白色。商品雏鸡可用羽色自别雌雄：公雏白色，母雏褐色。

生产性能指标：海兰商品鸡：0～20周龄育成率97%；20周龄体重1.54 kg，156日龄达50%产蛋率，29周龄达产蛋高峰，高峰产蛋率91%～96%，18～80周龄饲养日产蛋量299～318个，32周龄平均蛋重60.4 g，每千克蛋耗料2.5 kg；20～74周龄蛋鸡存活率91%～95%。

9.尼克红

尼克红性情温顺，适应性强，疾病净化好。育雏、育成成活率均在98%以上。开产早，蛋增重快，产蛋高峰明显维持时间长。蛋壳颜色纯正，蛋壳硬度好，很受客户欢迎。可依据羽色、羽速自别鉴别，蛋壳颜色为棕红。

生产性能指标：0～18周生长期成活率96%～98%，耗料量6.1～6.4 kg（限饲）或6.4～6.7 kg（全饲），18周体重1.48 kg（限饲）或1.54 kg（全饲）。18～76周龄产蛋阶段成活率91%～94%。50%产蛋率日龄150～160 d，入舍鸡76周龄产蛋数305～325枚。90%以上产蛋周数14～20周，80%以上产蛋周数34～40周。蛋重为62.5～63.5 g，76周龄累计产蛋量19.1～20.6 kg。耗料量109～118 g/（只·d）；饲料报酬（2.2～2.3）∶1。

10.B-6鸡

B-6鸡是国内选育的唯一黑羽的褐壳蛋鸡，是中国农科院畜牧研究所育成的两系配套杂交鸡，用引进的素材通过封闭群家系选育方法育成。父本羽色红褐，母本鸡为斑纹洛克，俗称芦花鸡，商品代鸡可用羽色自别雌雄：公鸡绒毛黑色，头顶上有一白色的亮斑，母雏绒毛也是黑色，但头顶上没有黑色亮斑。公雏长大后羽毛呈杂色的斑纹，母雏长大后羽毛变成黑色或麻黑、麻黄色。

生产性能指标：0～20周龄育成率93.5%；20周龄体重1.68 kg；155日龄达50%产蛋率，72周龄产蛋量274.6个，平均蛋重 58.28 g,总蛋重 16.01 kg,每千克蛋耗料 2.54 kg;产蛋期末体重 2.1 kg;产蛋期存活率 82.7%。该鸡种体型偏大,蛋重偏小。公鸡带有色羽毛,生长快,肉质好,很受养殖者欢迎。

(三)粉壳蛋鸡

粉壳蛋鸡是利用轻型白来航鸡与中型褐壳蛋鸡正交或反交所产生的杂种鸡。其蛋壳颜色介于褐壳蛋与白壳蛋之间,呈浅褐色,严格地说属于褐壳蛋,国内群众都称其为粉壳蛋,也就约定成俗了。其羽色以白色为背景有黄、黑、灰等杂色羽斑,与褐壳蛋鸡又不相同。因此,就将其分成粉壳蛋鸡一类。目前主要采用的是以洛岛红型鸡作为父系,与白来航型母系杂交,并利用伴性快慢羽基因自别雌雄。

1. 尼克粉

尼克粉壳蛋鸡是由美国尼克国际公司育成的配套杂交鸡。其特点是开产早、产蛋多、体重小、耗料少、适应性强。

生产性能指标:150～155 日龄开产,80 周龄产蛋量 325～345 个,平均蛋重 60～62 g,料蛋比为(2.1～2.3)∶1,18 周龄体重 1.35 kg,产蛋期成活率 89%～94%。

2. 农昌 2 号

农昌 2 号是中国农业大学育成的两系配套杂交鸡,父系为白来航品系,母系为红褐羽的合成系。商品雏可通过羽速自别雌雄。

生产性能指标:0～20 周龄育成率 90.2%;开产体重 1.49 kg;161 日龄达 50% 产蛋率,72 周龄产蛋量 255.1 个,平均蛋重 59.8 g,总蛋重 15.25 kg,每千克蛋耗料 2.55 kg;产蛋期末体重 2.07 kg;产蛋期存活率 87.8%。

3. 雅康

雅康蛋鸡是以色列 PBU 家禽育种协会育成的浅褐壳蛋鸡良种,商品代雏鸡可用羽速自别雌雄。北京市南口农场祖代鸡场由以色列引入祖代鸡,已向外推广。

生产性能指标：雅康商品代0～20周龄成活率96%～97%，50%产蛋日龄160 d。21～72周龄产蛋量265～280个，平均蛋重61～63 g。产蛋期平均日耗料81～117 g。

4.海兰粉

海兰粉壳蛋鸡是美国海兰公司培育出的高产粉壳鸡，国内近年才引进，主要饲养在北京等地。

生产性能指标：0～18周龄成活率为98%；达50%产蛋率平均日龄155 d；高峰期产蛋率94%；20～74周龄饲养日产蛋数290个，成活率达93%；72周龄产蛋量18.4 kg；料蛋比2.3∶1。

5.京白939粉壳蛋鸡

京白939粉壳蛋鸡是北京种禽公司新近培育的粉壳蛋鸡高产配套系。它具有产蛋多、耗料少、体型小、抗逆性强等特点。商品代能进行羽速鉴别雌雄。

生产性能指标：0～20周龄成活率为95%～98%；20周龄体重1.45～1.46 kg；达50%产蛋率平均日龄155～160 d；进入产蛋高峰期24～25周；高峰期最高产蛋率96.5%；72周龄入舍鸡产蛋数270～280个，成活率达93%；72周龄入舍鸡产蛋量16.74～17.36 kg；21～72周龄成活率92%～94%；21～72周龄平均料蛋比(2.30～2.35)∶1。

6.B-4鸡

B-4鸡是由中国农科院畜牧研究所，以星杂444为素材育成的两系配套杂交鸡。父系为洛岛红品种，母系为白来航品种。该杂交鸡羽色灰白带有褐色或黑色羽斑。

生产性能指标：0～20周龄育成率93.4%；开产体重1.78 kg；165日龄达50%产蛋率，72周龄产蛋254.3个，平均蛋重59.6 g，总蛋重15.16 kg，料蛋比2.75∶1；产蛋期末存活率82.9%。几年来的实践证明，B-4鸡以抗病力强、适应性好、高产等表现而著称，饲养数量不断增加，覆盖面越来越大。羽速自别雌雄的B-4杂交鸡已于1995年问世，使该品种更突出其特点。

7.奥赛克（冀育自别）蛋鸡

奥赛克（冀育自别）蛋鸡是由张家口高等农业专科学校与河北省秦皇岛市种鸡场合作选育出的新鸡种，1993年6月通过技术鉴定。该鸡种分产白壳蛋的冀育1号和产粉壳蛋的冀育2号。近年成立秦皇岛奥赛克家禽研究中心以后，就改名为奥赛克白和奥赛克粉蛋鸡。这两种商品蛋鸡可羽速自别雌雄，适应性强，产蛋性能高，饲料转化率高，已成为河北省的重要蛋鸡良种。

生产性能指标：据1995年秦皇岛市种鸡场的测试报告，冀育1号20周龄育成率90.2%，产蛋期存活率90.9%，开产日龄166 d，开产体重1.43 kg，43周平均蛋重57.8 g，最高产蛋率93.3%，72周龄总产蛋量17.1 kg。冀育2号20周龄育成率97.2%，产蛋期存活率92.4%，开产日龄168 d，开产体重1.69 kg，43周龄平均蛋重61.7 g，最高峰产蛋率90.8%，72周龄总蛋重16.8 kg。

三、绿壳蛋鸡品种

绿壳蛋鸡是我国家禽育种专家利用收集到的产绿壳蛋的个体纯繁选育，培育出专门化品系或品群；利用培育出的纯种绿壳蛋公鸡与黑羽乌鸡配套生产出五黑黑羽绿壳蛋鸡；利用培育出的纯种绿壳蛋公鸡与褐壳商品蛋鸡杂交配套生产出高产绿壳蛋鸡。如东乡黑羽绿壳蛋鸡、三益绿壳蛋鸡、新杨绿壳蛋鸡、卢氏绿壳蛋鸡等。

绿壳蛋被誉为“鸡蛋中的人参”，是纯天然、无污染的绿色保健食品。绿壳蛋特别富含对人体神经发育有重要作用的卵磷脂、脑磷脂和神经磷脂，同时含有很多胆碱物质，这种物质可帮助增强记忆力，经常食用绿壳蛋可增强人体免疫功能，促进机体的生长和创伤的修复，防止感冒，降低血压，软化血管，降低心血管疾病和糖尿病的发病率，保护皮肤健康，防治皮炎及皮肤干燥症、干眼病、夜盲症等。另外它还可以增强儿童智力、增进食欲，对防治婴幼儿发育不良、儿童厌食症、提高孕妇和病人营养水平都有极好的作用，是优质的保健食品。1996 年 10 月绿壳蛋被中国绿色食品发展中心批准为绿色食品。1998 年被国家卫生部批准为保健食品。民间常用绿壳蛋补虚治病，外观上也十分适合人们的消费心理，有极强的市场竞争力，市场价格是普通鸡蛋的 3～5 倍。

表 1-1 为扬州高校联合测试中心提供的绿壳鸡蛋和褐壳鸡蛋的营养含量比较表。

表 1-1　绿壳蛋和褐壳蛋的营养成分比较表

项　目	褐壳蛋	绿壳蛋
蛋白质/%	12.4	12.9
锌/(μg/100 g)	1 091	1 595
硒/(μg/100 g)	21	39
碘/(μg/100 g)	26	37
维生素 A/(mg/100 g)	177	263
维生素 E/(mg/100 g)	1.97	2.51
胆固醇/(mg/100 g)	432	198

1. 东乡黑羽绿壳蛋鸡

东乡黑羽绿壳蛋鸡由江西省东乡县农科所和江西省农科院畜牧所培育而成。

外貌特征：体型较小，产蛋性能较高，适应性强，羽毛全黑、乌皮、乌骨、乌肉、乌内脏，喙、趾均为黑色。母鸡羽毛紧凑，单冠直立，冠齿 5～6 个，眼大有神，大部分耳叶呈浅绿色，肉垂深而薄，羽毛片状，胫细而短。公鸡雄健，鸣叫有力，单冠直立，暗紫色，冠齿 7～8 个，耳叶紫红色，颈羽、尾羽泛绿光且上翘，体型呈“V”形。

生产性能指标：母鸡成年体重 1.1～1.4 kg。公鸡体重 1.4～1.6 kg。大群饲养的商品代，绿壳蛋比率为 80%左右。该品种经过 5 年 4 个世代的选育，体型外貌一致，纯度较高，其父系公鸡常用来和蛋用型母鸡杂交生产出高产的绿壳蛋鸡商品代母鸡，我国多数场家培育的绿壳蛋鸡品系中均含有该鸡的血缘。但该品种抱窝性较强(15%左右),因而产蛋率较低。

2. 三益绿壳蛋鸡

三益绿壳蛋鸡由武汉市东湖区三益家禽育种有限公司杂交培育而成,其最新的配套组合为东乡黑羽绿壳蛋鸡公鸡作父本,国外引进的粉壳蛋鸡作母本,进行配套杂交。

外貌特征:商品代鸡群中麻羽、黄羽、黑羽基本上各占1/3,可利用快慢羽鉴别法进行雌雄鉴别。母鸡单冠、耳叶红色、青腿、青喙、黄皮。

生产性能指标:开产日龄150～155 d,开产体重1.25 kg,300日龄平均蛋重50～52 g,500日龄产蛋量210个,绿壳蛋比率85%～90%,成年母鸡体重1.5 kg。

3. 三凰绿壳蛋鸡

三凰绿壳蛋鸡由江苏省家禽研究所(现中国农科院家禽研究所)选育而成。有黄羽、黑羽两个品系,其血缘均来自于我国的地方品种,单冠、黄喙、黄腿、耳叶红色。

生产性能指标:开产日龄155～160 d,开产体重母鸡1.25 kg,公鸡1.5 kg;300日龄平均蛋重45 g,500日龄产蛋量180～185个,父母代鸡群绿壳蛋比率97%左右;大群商品代鸡群中绿壳蛋比率93%～95%。成年公鸡体重1.85～1.9 kg,母鸡1.5～1.6 kg。

4. 新杨绿壳蛋鸡

新杨绿壳蛋鸡由上海新杨家禽育种中心培育。父系来自于我国经过高度选育的地方品种,母系来自于国外引进的高产白壳或粉壳蛋鸡,经配合力测定后杂交培育而成,以重点突出产蛋性能为主要育种目标。

外貌特征:商品代母鸡羽毛白色,但多数鸡身上带有黑斑;单冠,冠、耳叶多数为红色,少数黑色;60%左右的母鸡青脚、青喙,其余为黄脚、黄喙。

生产性能指标：开产日龄 140 d（产蛋率 5%），产蛋率达 50%的日龄为 162 d；开产体重 1.0～1.1 kg，500 日龄入舍母鸡产蛋量达 230 个，平均蛋重 50 g，蛋壳颜色基本一致，大群饲养鸡群绿壳蛋比率 70%～75%。

5. 卢氏绿壳蛋鸡

卢氏绿壳蛋鸡原产地和中心产区均在河南省卢氏县，主要分布在卢氏县的磨沟口乡、潘河乡、木桐乡、徐家湾、狮子坪、朱阳关、文峪、瓦窑沟 8 个乡镇，其他乡镇也有零星饲养。

外貌特征：卢氏鸡属典型的蛋肉兼用型品种。毛色以黑色为多，其次分别是麻色、黄色、棕褐、灰色、白麻等。个体较小，体重轻，体形楔形，紧凑结实，后躯发育良好，羽毛紧密，头小而清秀，眼微凸、大、圆而有神，颈细长，背平宽，翅紧贴。尾部翘起，腿长，反应灵敏，警觉性强，善飞。头型多为平头，冠形以单冠为主，占 81%，其次是豆冠。喙色以青色为多，粉色次之，少数为黄色。虹彩主要有橘黄色和棕褐色两种，冠脸及肉髯皆为鲜红色，个别鸡为乌面绿耳。

生产性能指标：卢氏鸡母鸡最早开产日龄为 170 d 左右，营养良好可促使性成熟提前。母鸡开产体重平均为 1.17 kg，产蛋重为 44 g。卢氏鸡绿壳鸡蛋具有“三高一低”的特点，即高碘、高锌、高硒、低胆固醇。2002 年 1 月经农业部农产品质量监督检验中心测定：鸡蛋中粗蛋白含量为 11.9%；氨基酸总量为 10.91%；粗脂肪含量 8.5%，铜、铁、锰、锌 4 种微量元素含量分别为 0.67、18.43、0.87 和 14.46 mg/kg；维生素 A 含量 7.44×10^{3} IU/kg；维生素 E 含量 2.99×10^{2} mg/kg；丝氨酸、谷氨酸、精氨酸、苏氨酸、蛋氨酸、赖氨酸、亮氨酸、天门冬氨酸的含量分别是 0.91%、1.28%、0.87%、0.6%、0.43%、0.53%、0.97%和 0.84%；而胆固醇含量只有524 mg/100g。

6. 昌系绿壳蛋鸡

昌系绿壳蛋鸡原产于江西省南昌县。

外貌特征：该鸡种体型矮小，羽毛紧凑，未经选育的鸡群毛色杂乱，大致可分为4种类型：白羽型、黑羽型（全身羽毛除颈部有红色羽圈外，均为黑色）、麻羽型（麻色有大麻和小麻）、黄羽型（同时具有黄肤、黄脚）。头细小，单冠红色；喙短稍弯，呈黄色。

生产性能指标：体重较小，成年公鸡体重1.30～1.45 kg，成年母鸡体重1.05～1.45 kg，部分鸡有胫毛。开产日龄较晚，大群饲养平均为182 d，开产体重1.25 kg，开产平均蛋重38.8 g，500日龄产蛋量89.4个，平均蛋重51.3 g，就巢率10%左右。

7. 招宝绿壳蛋鸡

招宝绿壳蛋鸡由福建省永定县雷镇闽西招宝珍禽开发公司选育而成。该鸡种和江西东乡绿壳蛋鸡的血缘来源相似。

外貌特征：母鸡羽毛黑色，黑皮、黑肉、黑骨、黑冠。

生产性能指标：开产日龄较晚，为165～170 d，开产体重1.05 kg，500日龄产蛋量135～150个，平均蛋重42～43 g，商品代鸡群绿壳蛋比率80%～85%。

四、地方鸡种

我国幅员辽阔，地大物博，各地自然条件不同，形成了相应独特的地方品种。地方品种普遍对该地理条件有着极强的适应性，与配套系品种相比，地方品种开产晚，产蛋率低，蛋重小，但因其独特健康的养殖模式（散养，放养等），形成了高的蛋品质量，属于“优质鸡蛋”。在市场上占有非常重要的地位，是我们蛋鸡养殖的新亮点。

1. 仙居鸡

仙居鸡原产于浙江省中部靠东海的台州市，重点产区是仙居县，分布很广。

外貌特征:体型较小,结实紧凑,体态匀称秀丽,动作灵敏活泼,易受惊吓,属神经质型。头部较小,单冠,颈细长,背平直,两翼紧贴,尾部翘起,骨骼纤细;其外形和体态,颇似来航鸡。羽毛紧密,羽色有白羽、黄羽、黑羽、花羽及栗羽之分。跖多为黄色,也有肉色及青色等。

生产性能:成年公鸡体重 1.25～1.5 kg,母鸡 0.75～1.25 kg,产蛋量目前变异度较大。

2.大骨鸡

大骨鸡又名庄河鸡,原产于辽宁省庄河市,分布在辽东半岛,地处北纬 40°以南的地区。

外貌特征:单冠直立,体格硕大,腿高粗壮,结实有力,故名大骨鸡。身高颈粗,胸深背宽,腹部丰满,墩实有力。公鸡颈羽、鞍羽为浅红色或深红色,胸羽黄色,肩羽红色,主尾羽和镰羽黑色有翠绿色光泽,喙、跖、趾多数为黄色。母鸡羽毛丰厚,胸腹部羽毛为浅黄或深黄色,背部为黄褐色,尾羽黑色。

生产性能:蛋肉兼用型。成年公鸡平均体重 3.2 kg 以上,母鸡 2.3 kg 以上。平均年产蛋量 146 个,平均蛋重 63 g 以上。

3.浦东鸡

浦东鸡原产于上海市南汇、川沙、奉贤等县。

外貌特征:体躯硕大宽阔,近似方形,骨粗脚高,羽毛蓬松,以黄色、麻褐色者较多。嘴粗短稍弯曲,呈黄色或褐色。单冠,冠、肉垂、耳叶和脸均红色。胫黄色,多数无胫羽毛。

生产性能:属肉用型,浦东鸡生长较快,3 月龄体重达 1.25 kg,成年公鸡重 4 kg,母鸡 3 kg 左右,以体大、肉肥及味美著称。年产蛋量 100～130 个,平均蛋重 57.9 g,蛋壳为深褐色。就巢性强。此鸡开产期,春雏约 215 d,秋雏约 179 d。

4.寿光鸡

寿光鸡原产于山东省寿光县,历史悠久,分布较广。

外貌特征：头大小适中，单冠，冠、肉垂、耳叶和脸均为红色，眼大灵活，红彩黑褐色，喙、胫、爪均为黑色，皮肤白色，全身黑羽，并带有金属光泽，尾长有长短之分。

生产性能：寿光鸡分为大、中两种类型。大型公鸡平均体重为3.8 kg，母鸡为3.1 kg。产蛋量90～100个，蛋重70～75 g。中型公鸡平均体重为3.6 kg，母鸡为2.5 kg。产蛋量120～150个，蛋重60～65 g。寿光鸡蛋大，蛋壳深褐色，蛋壳厚。成熟期一般为240～270 d。经选育的母鸡就巢性不强。

5.北京油鸡

北京油鸡产于北京近郊，历史悠久。

外貌特征：具有三毛特征（冠毛、须毛、脚毛），羽色分金黄与黄褐色，体躯不大，初生雏绒羽土黄色或淡黄色，三毛特征明显可以看出。成年鸡羽毛厚密蓬松，公鸡羽毛鲜艳光亮，头部高昂，尾羽多呈黑色。母鸡的头尾多翘，跖部略短，体态敦实。尾羽和主副翼羽常夹有黑色或半黄半黑羽毛。

生产性能：肉质细嫩，肉味香浓，皮下及脂肪丰满，是适于后期育肥的优质肉鸡；但生长缓慢，性成熟期晚，母鸡7月龄开产，年产蛋110个，成年公鸡体重2.0～2.5 kg，母鸡1.5～2.0 kg。

6.固始鸡

固始鸡产于河南省固始县。中心产区为固始、潢川、商城、罗山等县，属于我国黄鸡类型的一种优良地方品种。为蛋肉兼用型鸡，有中国“土鸡之王”之美称。

外貌特征：成年固始鸡的体躯呈三角形，属中等体型，羽毛丰满，体态匀称，外观秀丽。公鸡以佛手尾为主，母鸡兼有佛手尾和直尾。头大小适中，多为单冠，少部分有豆冠，以单冠为主。冠直立，6个冠齿，最后一个冠齿有分叉现象。冠、肉髯、耳垂均呈鲜红色。眼大有神，稍向外突出，虹彩为浅栗色。

生产性能：160～180 d日龄左右开产，开产体重1.54～

1.62 kg,68 周龄产蛋数 158～168 个,平均蛋重 52.2 g。

7. 正阳三黄鸡

正阳三黄鸡中心产区在河南省正阳县的文殊河流域、淮河流域,主要分布在正阳县的慎水、大林、皮店、陡沟、兰青、铜钟等几个乡镇。

外貌特征:成年公鸡颈羽颜色为黄色带金光,躯干部羽毛为金黄色,主翼羽黄褐色,尾羽黑褐色。成年母鸡的颈羽黄色较躯干部羽色略深,带金光,躯干部、腿部为浅黄色。

生产性能:正阳三黄鸡养殖比较粗放,终年放养,冬春季略加补饲的条件下,年产蛋量为 140～160 个。蛋重平均为 50.37 g,蛋黄大,呈黄红色,营养价值高,蛋壳厚而致密,不易破碎,适合于包装作长途运输、保存和机械化生产。由于这种鸡蛋个大质优,色泽美观,深受港澳等南方市场欢迎。

本章重点提示:白壳蛋鸡与褐壳蛋鸡的对比

白壳蛋鸡与褐壳蛋鸡在饲养上各具优缺点。目前,美国、德国、加拿大、日本等国家以白壳蛋鸡为主,而意大利、法国、英国等国以褐壳蛋鸡为多,比利时、荷兰等国两者数量基本持平。在我国,江南各省偏爱褐壳蛋,而北方对白壳蛋就不太挑剔,但也有喜爱褐壳蛋的趋势。现将二者的优缺点分析如下:

1. 产蛋量与蛋重　白壳蛋鸡与褐壳蛋鸡总产蛋数相当,但白壳蛋蛋重小,所以总蛋重偏低,据报道,5 个白壳蛋用鸡种和 5 个褐壳蛋用鸡种经对比测定,年产蛋枚数白壳蛋鸡平均为 294 个,褐壳蛋鸡为 288 个,产蛋总重分别为 18.13 kg 和 18.65 kg。

2. 蛋的质量　从营养价值来看,两者的干物质、蛋白质和脂肪含量均无显著差异,食用价值是相同的。从蛋壳质量来看,褐壳蛋的蛋壳厚度、蛋壳强度略大于白壳蛋,因此在收集、运输过程中破损率比白壳蛋略低。在实际生产中若鸡群健康无病,饲料营养完善，则两种蛋的破损率并无多大差别。

3. 饲料转化率　褐壳蛋鸡体重较大，维持需要多，因此平均采食量比白壳蛋鸡高5%～6%，饲料转化率比白壳蛋鸡低4%左右。

4. 单位面积饲养量　白壳蛋鸡属轻型蛋鸡，体重轻、体型小，适于集约化、工厂化笼养，单位面积所得产蛋量高。褐壳蛋鸡体型较大，单位面积的饲养量比白壳蛋鸡约少1/4。

5. 适应性与抗病力　白壳蛋鸡和褐壳蛋鸡对环境条件的适应性基本相同，抗病力也无明显差异。在饲养管理条件较差的情况下，褐壳蛋鸡生产水平相对较高。另外，白壳蛋鸡富于神经质，易出现应激反应，褐壳蛋鸡则不十分明显。

第二章　蛋鸡养殖设施化

本章知识新亮点：采用先进设备设施，提高养殖效益

目前蛋鸡生产中存在由于设备设施简陋，导致蛋鸡生产潜能得不到的充分发挥的问题。生产中采用先进的设备设施，有助于进一步提高养殖的经济效益。

对房舍进行防寒保暖防暑降温改造，增加密闭性，最大限度地减少鸡群应激，创造安静舒适的环境；增设防疫消毒和死鸡、鸡粪无害化处理设施，用以净化鸡场环境；采用优质的料线、水线、鸡笼、通风、光照等设备。有条件的还可以采用自动供料、供水、清粪、收蛋系统，尽量提高自动化程度，减少人工操作对鸡群造成的应激。

一、蛋鸡场场址的选择

建鸡场首先要明确建设性质和任务，以及所要达到的目标，然后正确地选择场址。场址的选择还要考虑到蛋鸡的健康养殖，既要保证养殖过程中鸡的健康，产品的安全，同时要考虑到对养殖场周围环境的影响，既要有利于保持环境卫生，又要减少疫病发生。

蛋鸡场场址一般离城市居民区的距离不少于15 km，距其他养鸡场的距离不少于 20 km，远离工业区及铁路。交通便利，距主要公路 500 m。充足的优质水源和电力，最好自备发电机组，以备突然停电时急用。建在地势高燥或稍有坡度的地方，便于排水，有自然隔离带，有利于保持环境卫生，减少疫病的发生。

1. 地形地势

家禽场应选在地势较高、干燥平坦及排水良好的场地，要避开低洼潮湿地，远离沼泽地。地势要向阳背风，以保持场区小气候温热状况的相对稳定，减少冬春季风雪的侵袭。

平原地区一般场地比较平坦、开阔，应将场址选择在较周围地段稍高的地方，以利排水防涝。地面坡度以1%～3%为宜；且地下水位至少低于建筑物地基0.5 m以下。对靠近河流、湖泊的地区，场地应比当地水文资料中最高水位高1～2 m，以防涨水时受水淹没。

山区建场应选在稍平缓的坡上，坡面向阳，总坡度不超过25%，建筑区坡度应在2.5%以内。山区建场还要注意地质构造情况，避开断层、滑坡、塌方的地段，也要避开坡底和谷地及风口，以免受山洪和暴风雪的袭击。有些山区的谷地或山坳，常因地形地势限制，易形成局部空气涡流现象，致使场区内污浊空气长时间滞留、潮湿、阴冷或闷热，因此应注意避免。场地地形宜开阔整齐，避免过多的边角和过于狭长。

2. 水源水质

生产过程中，鸡场的需水量很大，如鸡的饮水、清洁卫生用水，以及生活用水等。可以说，鸡场无时不在用水。因此，选择场址，应将水源作为重要因素考虑。鸡场附近必须有大量充足、水质良好的水源；要求水质清洁无异味，不含有毒物质和过量的无机盐。水源还应便于防护，取用方便，无污染等。水质符合《无公害食品——畜禽饮用水水质》(NY/T 5027)标准的要求。畜禽饮用水质量指标见表2-1。

3. 地质土壤

土壤的透气性、吸湿性、毛细管特性及土壤化学成分等不仅直接和间接影响家禽场的空气、水质和地上植被等，还影响土壤的净化作用。沙壤土最适合场区建设，但在一些客观条件限制的地方，选择理想的土壤条件很不容易，需要在规划设计、施工建造和日常使用管理上，设法弥补土壤缺陷。

表 2-1　畜禽饮用水质量指标

项　目	单　位	指标
pH 值		6.5～8.5
砷	mg/L	≤0.05
汞	mg/L	≤0.001
铅	mg/L	≤0.05
铜	mg/L	≤1.0
铬(六价)	mg/L	≤0.05
镉	mg/L	≤0.01
氰化物	mg/L	≤0.05
氟化物(以 F 计)	mg/L	≤1.0
氯化物(以 Cl 计)	mg/L	≤250
六六六	mg/L	≤0.001
滴滴涕	mg/L	≤0.005
细菌总数	个/L	≤100
大肠菌群	个/L	≤3

对施工地段工程地质状况的了解，主要是收集工地附近的地质勘察资料，地层的构造状况，如断层、陷落、塌方及地下泥沼地层。对土层土壤的了解也很重要，如土层土壤的承载力，是否是膨胀土或回填土。膨胀土遇水后膨胀，导致基础破坏，不能直接作为建筑物基础的受力层；回填土土质松紧不均，会造成建筑物基础不均匀沉降，使建筑物倾斜或遭破坏。遇到这样的土层，需要做好加固处理，严重的不便处理的或投资过大的则应放弃选用。此外，了解拟建地段附近土质情况，对施工用材也有意义，如砂层可以作为砂浆、垫层的骨料，可以就地取材，节省投资。

4. 气候因素

气候状况不仅影响建筑规划、布局和设计，而且会影响禽舍朝向、防寒与遮阳设施的设置，与家禽场防暑、防寒日程安排等也十分密切。因此，规划家禽场时，需要收集拟建地区与建筑设计有关和影响家禽场小气候的气候气象资料和常年气象变化、灾害性天气情况等，如平均气温，绝对最高气温、最低气温，土壤冻结深度，降雨量与积雪深度，最大风力，常年主导风向、风向频率，日照情况等(图 2-1 和图 2-2)。各地均有民用建筑热工设计规范和标准，在禽舍建筑的热工计算时可以参照使用。

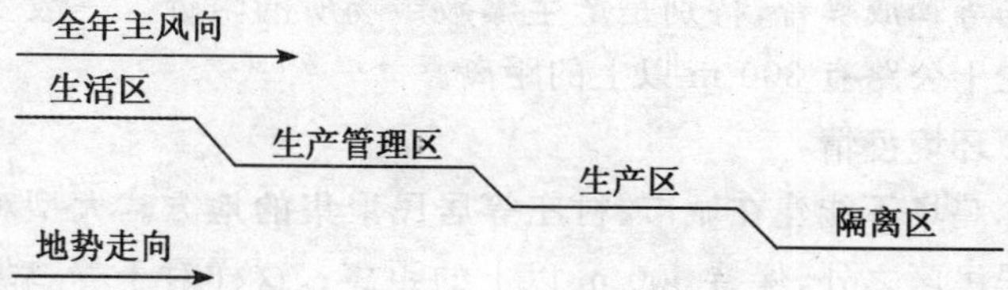

图 2-1　按地势、风向蛋鸡场分区规划配置示意图

(引自杨宁. 现代养鸡生产，1994)

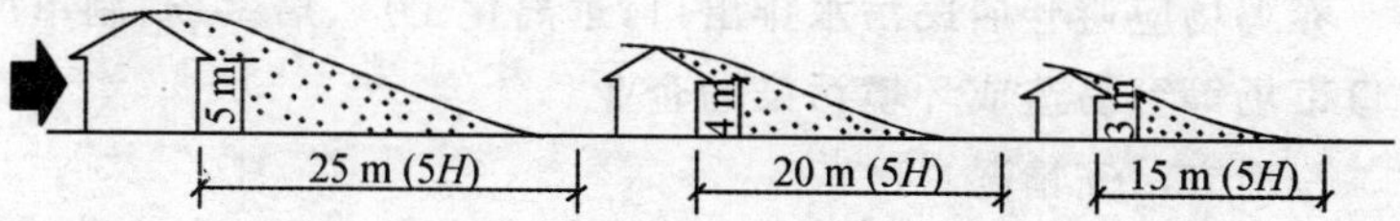

图 2-2　风向垂直于纵墙时鸡舍高度与旋风区的关系

(引自杨宁. 现代养鸡生产，1994)

5. 三通条件(供水、供电、交通)

供水情况　蛋鸡养殖场每天需要消耗的水(包括鸡群饮用、人员使用、冲洗消毒、树木浇灌等)，绝大多数蛋鸡场都是自己备有水井供水。供水量应该按照每只鸡每天 4～5 L 的用量设计。水井一般建设在生活区内，也可以建在生产区内靠近生活区的部分，绝对不能离污水池和储粪场太近以避免井水被污染。

供电情况　蛋鸡场应该有充足而稳定的电力供应。蛋鸡生产过程中许多环节需要消耗电力，如照明、通风、饲料加工、抽水、某些加热设备、自动喷雾设备等，如果是配套有孵化厂的种鸡场则对电力的需要量更大、依赖性更强。可以说，在现代蛋鸡生产中离开电力供应是难以维持生产的，即便是电力供应不稳定也可能影响生产过程。

交通情况　大型蛋鸡场，因为饲料、禽产品及其他物资的运输量大，对外联系密切，故交通应便利。但养鸡场又不能距离铁路、公路太近。因为蛋鸡胆小怕惊，鸡场不应选建在火车站、石子场、打靶场等释放噪音，特别是产生爆破声场所的附近。一般要求鸡场距主干公路有 300 m 以上的距离。

6. 环境疫情

养鸡场不能建在城市、村庄等居民聚集的地方。大型鸡场应建在居民区之外，保持 500 m 以上的距离。这样对于养鸡场和居民都有好处。风向应处于居民区的下风向。地势低于居民区，使之不致成为周围环境的污染源。

养鸡场应避开居民污水排出口，远离化工厂、屠宰场、制革厂、牲口市场等容易造成环境污染的企业。

7. 地方治安情况

鸡场在选址时必须考虑所在地的社会治安情况，要求该地治安情况良好。如果附近经常有人骚扰的话会严重影响鸡场的生产安全和秩序。

8. 鸡场面积的确定

鸡场占地面积受鸡场性质、鸡群规模、饲养方式（或饲养密度）、房舍类型、专业化或综合性程度及场址环境、地价等诸多因素制约，尚无一定的标准。一般应本着节约用地、少占农田的原则，结合满足防疫、便于生产、利于经营的要求而定。不同规模的鸡场占地面积大体范围见表 2-2 和表 2-3。

表 2-2　不同规模鸡场的占地面积

养鸡规模/万只	1	3	5	10	20
占地面积/m^2	4 000～5 000	1.2 万～1.5 万	2 万～3 万	5 万～6 万	10 万～16 万
所需面积(m^2/只)	0.4～0.5	0.4～0.5	0.4～0.5	0.5～0.6	0.5～0.8

表 2-3 不同类型鸡场的占地面积

类型	规模/只	所需面积/(m^2/只)	备 注
蛋鸡场	饲养 10 万～20 万	0.65～1.0	按蛋鸡计，本场养种鸡，蛋鸡笼养
蛋鸡场	饲养 10 万～20 万	0.5～0.7	按蛋鸡计，不养种鸡，蛋鸡笼养
肉鸡场	年上市 100 万	0.4～0.5	本场养种鸡，肉鸡笼养，存栏 20 万只
肉鸡场	年上市 100 万	0.7～0.8	本场养种鸡，肉鸡平养，存栏 20 万只

（根据李震钟．家畜环境卫生学附牧场设计．北京：中国农业出版社，1992）

根据目前情况，要想节约鸡场占地面积，在合理和可行的前提下，可通过提高舍内饲养密度，缩小鸡舍间距离，建连体鸡舍及增加鸡舍建筑层数等方式来实现。在农村可以在果园或经济林场内建简易长型鸡舍，实施果园养鸡或林禽结合模式。

二、鸡舍的建筑布局

鸡场的性质、规模不同，建筑物的种类和数量也不同。对于农户鸡场来说，由于建筑物的种类和数量较少，布局比较方便。而一些大型综合性的现代鸡场，建筑物的种类和数量较多，布局要求就很高。

鸡场布局要考虑到卫生防疫的原则，鸡场一般分生产区，办公区。生产区是鸡场的主体，生产区内要按本地主风向确定鸡场布局。育雏舍、育成舍、成鸡舍依主风向从上风向至下风向依次排列，鸡舍间距应为 50 m，至少应该在 15 m 以上。生产区的净道、污道分开，无交叉。办公区、生活区与生产区应保持 50 m 以上的距离。车间、办公区与生活区最好设在距生产区较远的交通便利的城镇。饲料加工安排在上风向处，鸡粪和死鸡处理应在下风向处，减少污染机会，防止疫病的发生。最好对于鸡粪和死鸡进行无害化处理，如堆积发酵，深埋死鸡或者焚烧、高温高压处理等。

下面是某鸡场平面布局图（图 2-3），仅供参考。

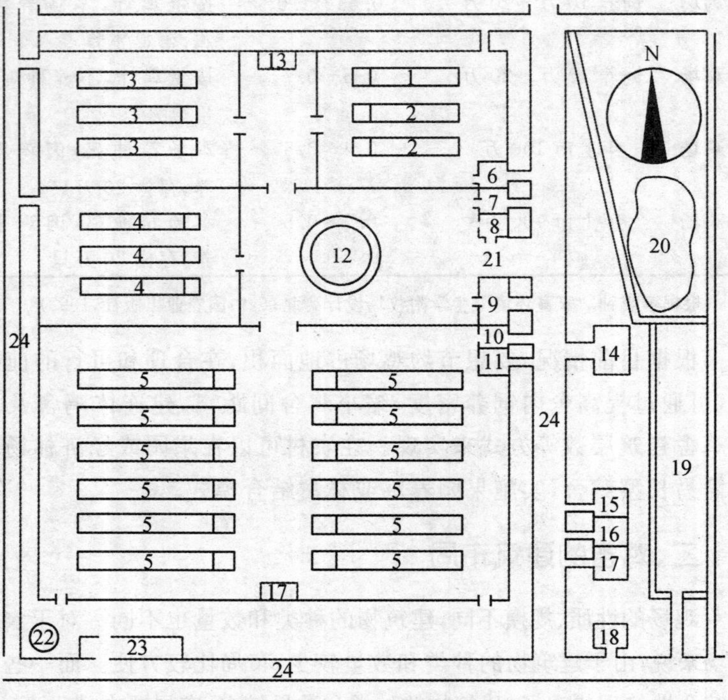

图 2-3 鸡场平面布局图

1.种鸡育雏育成舍 2. 雏鸡舍 3. 成年种鸡舍 4. 青年鸡舍 5. 蛋鸡舍 6. 雏鸡料间 7. 种鸡、青年鸡料间 8. 门卫 9. 更衣消毒室 10. 蛋鸡料间 11. 集蛋间 12. 花坛 13. 厕所 14. 孵化间 15. 锅炉间 16. 配电间 17. 车库 18. 兽医室 19. 行政生活区 20. 鱼池 21. 鸡场大门 22. 焚尸炉 23. 粪场 24. 鸡场环路

三、鸡舍建筑的朝向

鸡舍建筑一般为长矩形。鸡舍的朝向应根据当地的地理位置、气候环境等来确定，适宜的朝向要满足鸡舍日照、温度和通风

的要求。适宜的朝向一方面可以合理地利用太阳辐射能，避免夏季过多的热量进入舍内，而冬季则最大限度地允许太阳辐射能进入舍内以提高舍温；另一方面，可以合理利用主导风向，改善通风条件。从而为获得良好的畜舍环境提供可能。

首先要根据日照确定鸡舍朝向。合理的鸡舍朝向可以使自然光照得到合理利用，改善舍内的光温条件，并能起到一定的杀菌作用，利于舍内小气候环境的净化。根据日照来确定鸡舍朝向时，可向当地气象部门了解本地日辐射总量变化图，结合当地防寒防暑要求，确定日照所需适宜朝向。我国鸡舍宜采用南向或南偏东、偏西 45°以内。由于我国处在北纬 20°～50°，太阳高度角（太阳光线与地平面间的夹角）冬季小、夏季大，鸡舍应采取南向（即鸡舍长轴与纬度平行）。这样，冬季南墙及屋顶可被利用最大限度地收集太阳辐射以利防寒保温，有窗式或开放式鸡舍还可以利用进入鸡舍的直射光起一定的杀菌作用；而夏季则避免过多地接受太阳辐射热，引起舍内温度增高。如冬冷夏热的上海地区，冬季正南向墙面上太阳辐射强度最大（约 2 200 kJ/(m^2·d)，是东墙的 4 倍），夏季恰又是辐射热量最小的，因此正南是最好的朝向。炎热的广州地区，夏季东西墙向上太阳辐射强度最大（西墙约为 1.7 万 kJ/(m^2·d)），是应该避免的朝向。北京市夏季太阳辐射也以西墙最大，冬季以南墙最大，故北京地区鸡舍的朝向选择仍以南向为主，可向东或西偏 45°，以南向偏东 45°的朝向最佳。

其次要根据通风确定朝向。鸡舍布置与场区所处地区的主导风向关系密切。如果采用自然通风系统，主导风向直接影响冬季鸡舍的热量损耗和夏季鸡舍内和场区的通风。合理的朝向，在夏季不但可以改善舍内气流分布的均匀性，可提高通风效果，并能使舍内有害气体能顺利排除。在冬季则可以减少舍内热量散失，增强鸡舍的防寒能力。因此，考虑畜舍通风的要求来确定朝向时，可向当地气象部门了解本地风向频率图，结合防寒防暑要求，确定通风所需适宜朝向。

因此,畜禽舍朝向要求综合考虑当地的气象、地形等特点,抓住主要矛盾,兼顾次要矛盾和其他因素,来合理确定。如果同时考虑当地地形、主风以及其他条件的变化,南向鸡舍允许作一些朝向上的调整,向东或向西偏转 15°配置。南方地区从防暑考虑,以向东偏转为好,我国北方地区朝向偏转的自由度可稍大些(表 2-4)。

表 2-4　全国部分地区建筑朝向

地区	最佳朝向	适宜朝向	不宜朝向
北京	南偏东或西各 30°以内	南偏东或西各 45°以内	北偏西 30°～60°
上海	南至南偏东 15°	南偏东 30°,南偏西 15°	北,西北
太原	南偏东 15°	南偏东至东	西北
哈尔滨	南偏东 15°～20°	南至南偏东或西各 15°	西,西北,北
长春	南偏东 30°,南偏西 10°	南偏东或西各 45°	北,东北,西北
沈阳	南,南偏东 20°	南偏东至东,南偏西至西	东北东至西北西
济南	南,南偏东 10°～15°	南偏东 30°	西偏北 5°～10°
陶乐	南偏东 15°	南偏东 25°,南偏西 10°	西,北
合肥	南偏东 5°～15°	南偏东 15°,南偏西 5°	西
杭州	南偏东 10°～15°,北偏东 6°	南,南偏东 30°	北,西
福州	南,南偏东 5°～10°	南偏东 20°以内	西
郑州	南偏东 15°	南偏东 25°	西北
武汉	南偏西 15°	南偏东 15°	西,西北
长沙	南偏东 9°	南	西,西北
广州	南偏东 15°,南偏西 5°	南偏东 22°～30°, 南偏西 5°至西	
南宁	南,南偏东 15°	南,南偏东 15°～25°, 南偏西 5°	东,西
西安	南偏东 10°	南,南偏西	西,西北
银川	南至南偏东 23°	南偏东 34°,南偏西 20°	西,北
西宁	南至南偏西 30°	偏东 30°至南偏西 30°	北,西北
乌鲁木齐	南偏东 40°,南偏西 30°	东南,东,西	北,西北
成都	南偏东 45°至南偏西 15°	南偏东 45°至东偏北 30°	西,北
青岛	南,南偏东 5°～15°	南偏东 15°至南偏西 15°	西,北

四、不同类型鸡舍介绍

1. 育雏舍

育雏舍是养育 0～6 周龄雏鸡专用的房舍。对育雏舍的要求是有利于保温防寒，地面干燥，通风向阳，便于操作管理，房舍严密，防止鼠害。因此，育雏舍要低，房顶应铺保温材料，墙壁要厚，屋顶装设天花板。一般育雏舍坐北朝南，南北均设窗，南窗面积比北窗大，南窗台高 1.5 m，宽 1.6 m 左右；北窗台高 1.5 m，水泥地面。若为笼育，其舍内的立体育雏笼多为分列摆放，列与列间有 70～100 cm 的走道，若跨度为 6 m 左右，则为两列三走道；若为 9 m 左右，则为三列四走道；若为地面平育（图 2-4），直接在水泥地面铺垫柔软垫料即可。

图 2-4　地面平育

（引自浙江一星实业有限公司网页，2010）

2. 育成舍

育成舍是养育 7～20 周龄鸡专用的房舍。其建筑要求是有足够的活动面积，以保证正常的生长发育，通风良好，坚固耐用，便于操作管理。目前育成鸡的形式有有窗式和无窗式，饲养方式多采用多层笼养。在有窗式鸡舍，鸡舍前后有窗，屋顶设天窗，靠自然通风，房高 3～3.5 m，宽 6～9 m，长度不超过 60 m。无窗式的育成舍长度和跨度分别可达 9～12 m 和 60～100 m，侧墙有排风扇（若采用纵向通风，风扇安装在山墙上）。若为有窗式笼养，其舍内鸡笼的摆布有两列三或两走道，三列四或三走道；若为无窗式，可多安置几列笼。若为平养可直接在地面铺垫料。有些小农户，养鸡不多时，可不设育成舍，让雏鸡在育雏舍生活到 2 月龄左右，直接进入成年产蛋鸡舍，但规模化的鸡场都有专门的育成舍。

3. 成年产蛋舍

成年产蛋舍是饲养 20 周龄到淘汰产蛋鸡的房舍，鸡在此舍生活的时间较长。要求鸡舍应坚固耐用，操作方便，环境条件好，成本低。产蛋鸡舍分为有窗式和无窗式（密闭式）两种，有窗式鸡舍有门窗、天窗等，采用自然通风，自然光照结合人工光照，鸡舍条件基本与外界相同。这种方式成本低，但一些条件不能满足产蛋的需要，如光照、空气等，也有的鸡舍除有门窗、天窗外，还安有排风扇和照明设施等，采用自然光照和人工光照、自然通风和机械通风相结合的方法实行光照和通风，鸡舍条件得到了改善，成本也较低，目前多采用此法。密闭式鸡舍没有窗（应急窗除外），光照、温度、空气等条件完全人为控制，是鸡产蛋的理想场所，但成本较高。采用笼养方式时，舍内的鸡笼布局有两列三走道、三列四走道（图 2-5）或两列两走道、三列三走道。密闭式鸡舍可放到四列。采用网养与地面平养结合饲养时，网沿鸡舍长轴安置，可在中间，也可在两边，其面积比为 6∶4，在建造以上各类鸡舍时，其朝向最好是坐北朝南或东南可保证冬暖夏凉。鸡舍间距为鸡舍高度的 2～3 倍。

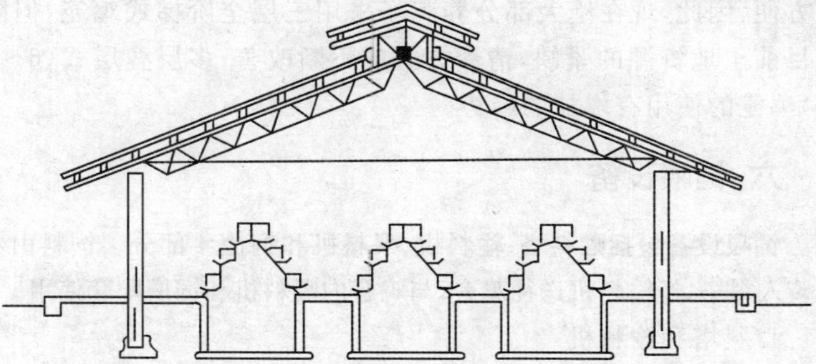

图 2-5　卷帘式蛋鸡舍(剖面)

(引自杨宁.现代养鸡生产,1994)

五、笼具的选择

鸡笼包括育雏笼、育成笼和成年鸡笼,就鸡笼的形式而言,有单层笼、两层笼、三层三笼和多层笼,有全阶梯式鸡笼(图 2-6)、半阶梯式鸡笼和叠层笼(图 2-7)等。

图 2-6　三层全阶梯式育雏笼

(引自湖北农业信息网,2006)

图 2-7　叠层育雏笼

(引自中国饲料行业信息网,2006)

使用结果表明,单层鸡笼和自然交配种鸡笼占地面积大,饲养密度小;叠层式鸡笼和半阶梯式鸡笼虽然饲养密度大,但若不改善清粪方式,难以推广;全阶梯式鸡笼既可加大饲养密度;又使清粪较方便,因此,现在绝大部分养鸡场采用三层全阶梯式鸡笼,但随着目前土地资源的紧缺,清粪方式的不断改善;多层叠层式(6～8层)鸡笼的使用有增加的趋势。

六、饲喂设备

饲喂设备包括贮料塔、输料机、喂料机和饲槽4部分。饲料由料车装入料塔,经输料机送往鸡舍,与鸡舍内喂料机和饲槽配套使用。

1.料塔和输料机

料塔多为圆形(图2-8),国内生产的9TZ-4型料塔高5.784 m,直径1.8 m,容积8.63 m^3,容量4.75 t,能满足1.5万只蛋鸡2 d的用料。输料机有链板式、塞管式、搅龙式和螺旋弹簧式等多种,国内使用的多为螺旋弹簧式。9SHZ-2型横向弹簧输料机每小时输送1 500～2 000 kg,适用于各种鸡场的输料作业。

图2-8 料塔

(引自北京世纪齐欣畜牧机械销售中心网,2006)

2.喂料机

笼养鸡舍常用的喂料机主要有链式、跨骑式给料车和人工饲喂式饲槽等多种形式。

链式喂料机 主要由食槽、料箱、驱动器、链片、转角器、清洁器、升降装置等部分组成,利用链环输送饲料(图2-9)。这种喂料机结构简单,造价低,送料较快,适合于笼养和平养,但噪声较大,维修较难。

轨道车喂饲机 用于多层笼养鸡舍,是一种骑跨在鸡笼上的喂料车,沿鸡笼上或旁边的轨道缓慢行走,将料箱中的饲料分送至各层食槽中,根据料箱的配置形式可分为跨笼料箱式和顶料箱行

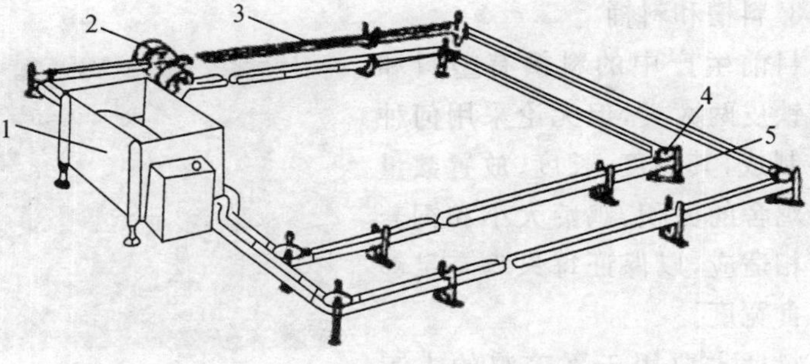

图 2-9　9WL-42P 链式喂料机

1. 料箱　2. 清洁器　3. 长料槽　4. 转角器　5. 升降装置

(引自陈宽雄. 优质黄羽肉鸡饲养新技术,2000)

车式（图 2-10 和图 2-11）。顶料箱行车式喂料机只有一个料桶，料箱底部装有搅龙，当喂料机工作时搅龙随之运转，将饲料推出料箱沿溜管均匀流入食槽。跨笼料箱式喂料机根据鸡笼形式配置，每列食槽上都跨设一个矩形小料箱，料箱下部锥形扁口通向食槽中，当沿鸡笼移动时，饲料便沿锥面下滑落入食槽中。饲槽底部固定一条螺旋形弹簧圈，可防止鸡采食时选择饲料和将饲料抛出槽外。

图 2-10　跨笼料箱式喂料机

(引自 http://cn.made-in-china.com)

图 2-11　顶料箱行车式喂料机

(引自瑞达养殖网,2006)

3. 料槽和料桶

目前生产中的料槽有塑料和镀锌铁皮两大类，但无论采用何种材料制成，其高度、长度、放置数量应与鸡舍的面积、鸡龄大小和饲养密度相适应，以保证每只鸡有足够的采食宽度。

料桶主要用于平养鸡的人工喂料或笼养蛋鸡育雏初期，由金属和硬塑料（图 2-12）制成。

图 2-12 塑料料桶

（引自富四方养殖设备厂，2006）

鸡的日龄与饲养方式不同，对食槽要求也不同，但均要求食槽光滑、平整，鸡采食方便但不浪费饲料，便于清洗和消毒，等等。槽的高度要合适，通常食槽上缘比鸡背约高 2 cm（图 2-13），蛋用型鸡不同日龄所需要槽长度见表 2-5。

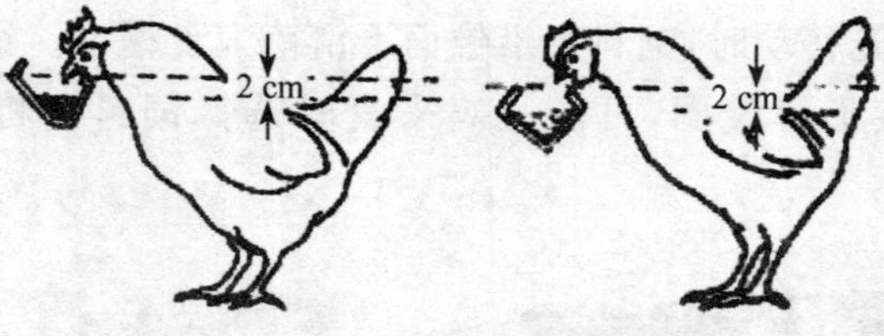

图 2-13 饲料槽及饮水器的安置高度

表 2-5 蛋用型鸡所需食槽长度

周龄	食槽种类	
	槽式	吊桶式
1～4	2.5 cm/只	1 个/35 只
5～10	5.0 cm/只	1 个/25 只

注：吊桶料盘直径为 30～40 cm。

七、饮水设备

养蛋鸡常用的饮水设备有乳头式饮水器、真空饮水器、吊塔式饮水器和水槽等。

1.乳头式饮水器

近几年来乳头式饮水器较为普遍地使用于蛋鸡舍。它具有供水新鲜、清洁，杜绝外界污染，防止疫病的传播等优点，同时可节约用水，不用清洁，可保持舍内干燥，是较为理想的饮水装置（图2-14）。乳头式饮水设备适用于笼养和平养鸡舍给成鸡或2周龄以上雏鸡供水。要求配有适当的水压和纯净的水源，使饮水器能正常供水。

图2-14　乳头式饮水器

（引自中国农业网，2006）

2.真空饮水器

真空饮水器由水罐（饮水器）和饮水盘两部分组成，饮水盘上开一个出水槽（图2-15）。使用时，将水罐装满水，然后把饮水盘扣其口处，扣紧后一起翻转180°放置笼内，水从小孔处流出，直到将小孔淹没为止。当雏鸡从水盘饮走一部分水使水面下降到出水孔时，外界空气进入水罐，水又流出，直至将孔淹没，使水盘内总是保持一定的水位。此种饮水器价格较便宜，便于洗刷和更换，但容水量有限，需要经常添水，适合于笼养雏鸡和平育雏鸡。

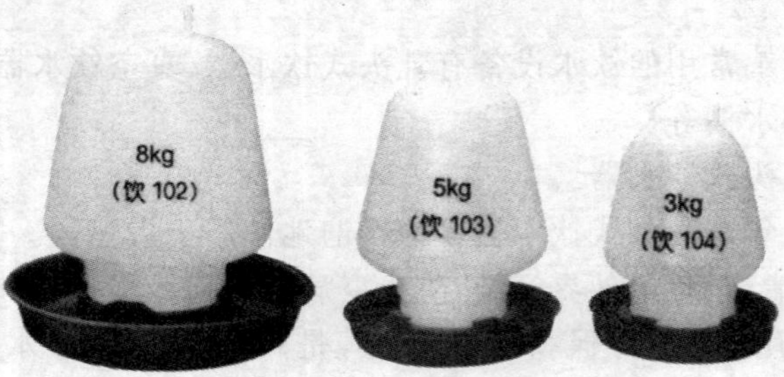

图 2-15　真空饮水器

(引自中国养殖网，2006)

3. 吊塔式饮水器

吊塔式又称普拉松饮水器，靠盘内水的重量来启闭供水阀门，即当盘内无水时，阀门打开，当盘内水达到一定量时，阀门关闭（图 2-16）。主要用于平养鸡舍，用绳索吊在离地面一定高度（与雏鸡的背部或成鸡的眼睛等高）。该饮水器的优点是适应性广，不妨碍鸡群活动。

4. 水槽

水槽一般安装于鸡笼食槽上方，是由镀锌板、搪瓷或塑料制成的V形槽，每2m一根，由接头连接而成（图2-17）。水槽一头通

图 2-16　吊塔式饮水器

(引自畜牧器械设备网，2006)

图 2-17　水槽

(引自畜牧器械设备网，2006)

入长流动水，使整条水槽内保持一定水位供鸡只饮用，另一头流入管道将水排出鸡舍。槽式饮水设备简单，成本低，使用可靠，但需每天刷洗，易传染疾病。安装要求整列鸡笼几十米长度内，水槽高度误差小于 5 m，误差过大不能保证正常供水。

八、产蛋箱

地面平养鸡群或放养鸡群需要设产蛋箱，产蛋箱可建 3～4 层，每 5～6 只鸡一个产蛋箱。所用材料可为砖、石、木竹等。产蛋箱的位置设在鸡舍内较黑暗的避光地域。产蛋季节，产蛋箱内应垫有柔软垫料，如稻草、刨花等（图 2-18）。

图 2-18　产蛋箱

（引自北京华谷生物营养科技发展有限公司，2006）

九、清粪设备

高床式鸡舍一般一年清粪一次，待鸡淘汰后，只要将车开进，将粪清出即可。地沟式或半高床式鸡舍需要经常清粪，常用的清粪装置有刮板式清粪机、输送带式清粪机、螺旋弹簧横向清粪机等。

1. 刮板式清粪机

刮板式清粪机用于网上平养和笼养，是目前鸡场普遍采用的方法(图 2-19)。清粪机安置在鸡笼下的粪沟内，刮板略小于粪沟宽度。每开动一次，刮板做一次往返移动，刮板向前移动时将鸡粪刮到鸡舍一端的横向粪沟内，返回时，刮板上抬空行。

2. 输送带式清粪机

输送带式清粪机适用于叠层式笼养鸡舍清粪，主要由电机和链传动装置，主、被动辊，承粪带等组成(图 2-20)。承粪带安装在每层鸡笼下面，启动时由电机、减速器通过链条带动各层的主动辊运转，将鸡粪输送到一端，被端部设置的刮粪板刮落，从而完成清粪作业。

图 2-19 纵向刮板式清粪机

(引自 http://www.2gyang.com,2006)

图 2-20 输送带式清粪机

(引自青岛田瑞牧业科技有限公司网,2006)

3. 螺旋弹簧横向清粪机

横向清粪机是机械清粪的配套设备。当纵向清粪机将鸡粪清理到鸡舍一端时，再由横向清粪机将刮出的鸡粪输送到舍外。作业时清粪螺旋直接放入粪槽内，不用加中间支承，输送混有鸡毛的黏稠鸡粪也不会堵塞。

十、卫生防疫设备

1. 高压冲洗消毒器

高压冲洗消毒器用于房舍墙壁、地面和设备的冲洗消毒，由小车、药桶、加压泵、水管和高压喷头等组成。这种设备与普通水泵原理相似。高压喷头喷出的水压大，可将消毒部位的灰尘、粪便等冲掉，若加上消毒药物则还可起到消毒作用。

2. 农用喷雾器

这是一种背负式的小型喷雾器，机体为高强度工程塑料，抗腐蚀能力强，一次充气可将药液喷尽，配备安全阀起超压保险作用。在小规模蛋鸡场(户)使用较多，通常在对鸡舍内外环境消毒时使用。

3. 免疫接种用具

免疫接种用具包括一次性注射器、连续注射器、滴管等。

4. 清扫用具

清扫用具包括铁锨、扫帚、推车等。

十一、取暖设备

笼养鸡除 6 周龄以前的雏鸡需要取暖设备外，其他阶段一般不需要特殊的取暖装置。育雏期的主要取暖设备有暖气管道、保温伞(可购买成品)、煤火炉、电炉等。

1. 暖气

暖气供暖分为气暖和水暖两种。气暖供温快，便于维修，但热量维持时间短，热效率较低；水暖供热慢，不便维修，但热量维持时间长，热效率较高，这两种供暖方式鸡场均有采纳。暖气供暖适合于规模较大的鸡场。

2. 保温伞

保温伞是用电作热源的一种伞形育雏方式。保温伞由电源管接通电源后散热。一个保温伞一次可育雏 500 只左右，适合于平育和单层笼育雏鸡（图 2-21）。

3. 热风炉

热风炉供暖系统主要由热风炉、送风风机、风机支架、电控箱、连接弯管、有孔风管等组成（图 2-22）。热风炉有卧式和立式两种，是供暖系统中的主要设备。热风出口温度为 80～120℃，热效率达 70%以上，比锅炉供热成本降低 50%左右，使用方便、安全，是目前推广使用的一种采暖设备。可根据鸡舍供热面积选用不同功率热风炉。立式热风炉顶部的水套还能利用烟气余热提供热水。

图 2-21　保温伞

（引自中国禽蛋网，2006）

图 2-22　热风炉

4. 红外线灯

红外线灯是小型鸡舍育雏期常用加热设备，成本低，适合笼养和地面平养育雏使用（图 2-23）。

5. 煤火炉

煤火炉供热是很经济的一种供暖设备，温度上升快，热损失少，可根据鸡舍温度调节火势的大小，但卫生条件差，遇火炉倒烟时易引起一氧化碳中毒（图 2-24）。这种供暖方式大小鸡场均可使用。电炉加热常与电热育雏器配合使用，安装在加热笼组内，开有自动调温系统，可根据雏鸡的日龄及对温度的要求自动调节，要求 24 h 不停电，一次性投资稍大。适合各种类型的鸡场育雏使用。

图 2-23　红外线灯加热

（引自中国禽蛋网，2006）

图 2-24　煤火炉供热

（引自中国禽蛋网，2006）

十二、照明设备

照明设备主要包括光源（灯）、导线和光控仪等。

1. 灯的类型

常用灯有 3 种：白炽灯、荧光灯和高压钠灯。白炽灯是目前鸡场普遍使用的一种光源，它具有成本低，安装方便，便于更换，光色适合于鸡产蛋等优点，但发光率低，易于损坏，使用时需加灯罩，灯泡寿命短。荧光灯发光率较高，使用寿命较长，但要求电压稳，否则易闪动，鸡舍一般不用它。高压钠灯近几年在鸡舍开始使用，它具有发光率高，使用寿命长，发光均匀等优点，但成本较高。

2. 灯泡的布置

鸡舍内灯泡的安装方式影响灯的效率，必须使鸡水平处有足够的光照，使鸡只经常逗留的区域各处都有均匀的光照强度。

在平养鸡舍要求灯泡之间的距离必须是灯泡至鸡身距离的

1.5 倍。如安装两排以上，每排灯泡必须相互交叉排列，灯泡至鸡舍外缘的间距应为灯泡间距的一半。在笼养鸡舍应将灯泡安装在走道正中上方，距地面约 1.8 m 高，使灯光能照到饲料和鸡身，并有利于灯泡的维护，同时也不影响人员的行走。

3.光控仪

光控仪为控制鸡舍光照时间和强度的一种电脑控制仪器，具有自动控制光照时间、光照强度的功能，同时开关灯时可渐亮渐暗，以防止惊群，还可自动测定室内的光照强度，当鸡舍光线不足时，在光控仪的操作下，打开灯，当光线达到要求时便关闭。

十三、通风设备

鸡舍普遍使用的通风装置由通风机和风扇控制组组成。通风机的类型有轴流式、离心式和螺旋桨式（图 2-25）。一般多采用螺旋桨式。通风机的换气量依扇叶直径和转速而定。

图 2-25 风机

（引自网商在线，2006）

设计通风装置时，应参考鸡的换气量和容纳鸡只数算出鸡舍需要的换气量，然后根据所选用通风机的性能算出必需的台数。

风扇控制器是带热敏元件的电源控制器，可按温度变化自动控制电风扇，改变转速或自动开关调节通风量。通风机的安装有多种形式，如有屋顶排气式通风、安在山墙上向外排风、屋顶送风等。

湿帘风机降温系统主要由纸质(或陶瓷)波纹多孔湿垫、湿垫冷风机、水循环系统及自动控制装置组成。在炎热的夏季，当进入鸡舍的空气通过湿垫后，可使空气的温度降低 5～8℃，对于防暑降温效果显著(图 2-26)。

图 2-26 湿帘风机降温系统

(引自五金商贸网，2006)

本章重点提示：鸡场的类型与规模划分

鸡场类型可分为种鸡场、蛋鸡场、肉鸡场三大类。种鸡场又分为原种场、祖代场、父母代场，此外还有单独的孵化场。按照规模可分为大型养鸡场、中型养鸡场、小型养鸡场 3 类(表 2-6)。

表 2-6 规模养鸡场类型 万只

规 模	种鸡场		蛋鸡场	肉鸡场
	祖代鸡场	父母代鸡场		
大型养鸡场	1 以上	5 以上	20 以上	500 以上
中型养鸡场	0.5～1	1～5	5～20	50～500
小型养鸡场	0.5 以下	1 以下	5 以下	50 以下

第三章　蛋鸡饲养管理规范化

本章知识新亮点：鸡蛋品牌化

品牌有助于促进产品销售，树立企业形象。注册的品牌（注册商标）可以保护企业合法权益。品牌有利于约束企业的不良行为，有助于扩大产品组合。同时品牌便于消费者辨认、识别、选购商品，有利于维护消费者利益，促进产品改良，有益于消费者。

鸡蛋品牌化的过程，是加快蛋品生产和加工从传统粗放的经营方式向现代化集约化经营方式转变的过程。品牌能给消费者带来信心，加强产品的竞争力。发展绿色、无公害蛋品，走品牌化道路，提高经济效益。

我国现代养鸡业经过十几年的发展，蛋类产量已居世界各国之首，肉类产量居世界第二，特别是人均蛋类消费量已超过世界平均水平1倍，达到发达国家的平均水平，这在农业生产中是一个伟大的创举。今天，蛋已成为最廉价的大众化动物食品，鸡肉产品出口到许多国家。应该说，这些成就的取得离不开科学技术。随着养鸡业现代化水平更进一步提高，特别是近年来规模化养鸡的快速发展，养鸡设施的不断更新，以及多元化养鸡业的蓬勃兴起，更需要一些实用性较强的新技术来指导生产。

要提高养鸡生产的效益，首先应该把鸡在不同阶段的饲养管理搞好。根据现在养鸡业的具体情况，个体养鸡户居多，为了满足他们的需要，适应他们的情况，编写了本章内容。本章从鸡的3个阶段（育雏阶段、育成阶段和成鸡阶段）介绍鸡的饲养管理。育雏阶段包括：雏鸡的生理特点与育雏方式、育雏前的准备和雏鸡培育的质量指标、高效育雏规程；育成阶段包括：育成鸡的生理特点和育成鸡的饲养管理；成鸡阶段包括：蛋鸡日常管理、产蛋鸡的四季管理、防止蛋的破损、克服蛋鸡饲养工艺带来的疾病、开产前后饲养管理要点、产蛋高峰期饲养管理要点、控制蛋重、强制换羽、防止应激对鸡群的危害、产蛋量突然下降的原因和影响受精率的因素。

一、雏鸡的饲养管理要点

（一）选择适宜的育雏方式

养殖场（户）根据自己的实际经济能力及现有养殖条件，选择合适的养殖方式，确保雏鸡的健康养殖，提高养殖经济效益。

1. 地面垫料平养

此方式一次性投入资金较少，适用于初建场，启动资金较少的养殖场（户）（图 3-1）。

图 3-1　地面垫料平养

（引自 http://www./so9so.com/,2006）

垫料的选择与要求：垫料可用切碎的麦秸、稻壳、刨花、锯末等。要求垫料要干燥、柔软、吸水性好、无异味。

垫料平养的缺点及注意事项：采用地面垫料平养，每平方米可饲养鸡只数要比笼养少，鸡直接生活在垫料上，卫生条件差，易患球虫病等寄生虫疾病。

2. 网上饲养

网上平养适于温暖而潮湿的地区采用(图 3-2)。

图 3-2　网上饲养

(引自 http://www.21food.cn/)

在舍内高出地面 60～70 cm 的地方装置金属网，也可用木板条或竹板条做成栅状高床代替金属网。金属网孔直径为20 mm×80 mm，育雏前期在网面上加铺一层菱形孔塑料网片，防止雏鸡落入网下。蛋鸡采食、饮水均在网上完成，粪便从网眼漏入地下，鸡不与粪便直接接触，卫生条件较好。

3. 笼养

笼养是目前选择最多的一种养殖模式。此方式单位面积饲养量大，且家禽生活的卫生条件好，管理方便(图 3-3)。

4. 稻草窝育雏

稻草窝育雏是农村常见的一种育雏方式。其方法是用稻草编成草窝，上口直径为50～60cm，底面直径80～100cm，可养100

图 3-3　笼养蛋鸡

（引自 http://sdxmsb.com/,2006）

只鸡至 2 周，在稻草编制的窝底放上 10 cm 左右厚度的短稻草或稻壳，或锯木屑作为垫料，在窝的上口盖以棉被或棉毯以保温，进雏前可在垫料下放 3～4 个装满热水的盐水瓶，完全靠雏鸡散发的温度维持环境温度。每隔 2 h 将雏鸡放出窝外喂食、饮水、运动 30 min 左右，再捉回窝内。要经常检查窝内的温度是否适合雏鸡的生长发育，如果温度较高，则可掀去较厚的覆盖物换上较薄的覆盖物，或掀开一些覆盖物以散发热量，或降低鸡群密度降温；如果温度偏低，可将布毯换成棉衣、棉被等，或加大鸡群密度来提高窝内温度。值得提醒的问题是，如果温度偏低，加盖棉被时，要注意不可盖得太严实，以防闷死雏鸡，反之如果窝内温度偏高，雏鸡羽毛潮湿，不能马上掀去布毯或被，要掀开部分，让窝内温度慢慢下降，使雏鸡羽毛逐渐干燥。

5. 土坑育雏

选择地势高燥、通风、透光，保暖性能好的房子。每 100 只雏鸡挖圆形土坑 2 个，其中一个为备用，坑的上口直径 60 cm，底径 75 cm，深 50 cm，上口小，下径大，坑壁稍微倾斜略呈弧形；土坑的排列应根据房子大小，是否利于操作和充分利用房子等而灵活掌握。一般靠房子的两边排列，中间留有运动场；坑底用稻草、米糠或干马粪铺平压实，坑壁可用旧报纸、麦秆、草帘以竹条固定；坑盖可用草帘或布毯等物，盖上留直径 25 cm 大小的观察孔，观察孔平常用塑料布盖好，以便作观察之用和掀开作调节温度之用。

雏鸡下坑前一天，用火熏或药物熏蒸消毒。由于早春天气冷，温差大，刚出壳的雏鸡对土坑温度要求较严，过高易引起呼吸道病，过低易发生鸡白痢。因此在下坑后 1 周要严格管理，特别注意温度的调节。如果坑温达不到要求，应给装满热水的瓶作加温用。

(二)育雏目标

1. 育雏率高、均匀度好

健康的雏鸡群成活率应该是：1 周龄达 99.0%～99.5%，6 周龄时应不低于 98%。均匀度(整齐度)指鸡群内个体间体重的整齐程度。鸡群内体重差异小，说明鸡群发育整齐，性成熟也能同期化，蛋鸡开产时间一致，产蛋高峰也高。均匀度的表示方法有两种：一种用平均值±标准差或转化为变异系数；另一种是用平均值±10%范围内的个体比例来表示。后一种方法能简单了解鸡的均匀度，所以被广泛应用。如果鸡群中有 80%的个体在平均体重±10%的范围内，一般认为这群鸡较整齐。这种表示鸡群均匀度的方法，与用变异系数来表示的方法间的换算关系见表 3-1。

表 3-1 雏鸡群整齐度表示方法的换算

变异系数/%	5	6	7	8	9	10	11
进入平均值 10%范围内的个体比例/%	96	90	85	79	73	68	64

如鸡群中有 80%的个体在平均体重±10%的范围内，以变异系数来表示均匀度时约为 8%，而鸡群的变异系数为 6%时，则大约有 90%的个体在平均值±10%的范围内。

鸡群的差异越小越好，造成差异的原因有遗传和环境两个因素。遗传因素造成的差异难用饲养管理来消除。而环境因素造成的差异可以通过努力而改变，使鸡群体重的变异系数从 10%降至 8%以下。

2. 体重能达标，骨骼结实

体重是衡量后备鸡生长发育的重要指标之一，不同鸡种（品系）的鸡都有它的标准体重。符合标准体重的鸡，说明生长发育正常，将来产蛋性能好，饲料报酬高。体重过大、过肥的鸡，成年性机能较差，产蛋少，死亡高；体重太轻，说明生长发育不健全，成年产蛋持续性较差。

鸡的体重和生产性能高低在一定程度上取决于骨骼发育程度，骨骼发育与将来母鸡的蛋重、蛋壳强度呈显著正相关。骨骼是蛋壳中钙的重要来源之一，鸡群如体重达到标准但骨骼发育迟缓，说明鸡体内有过量脂肪，将来进入产蛋期后其生活力、耗料、产蛋量和蛋壳质量都会有问题。检查骨骼发育，一般分别在 4 周龄、6 周龄，用两脚规或游标卡尺测量胫部长度，部位是从跖关节到脚底（第 3～4 趾间）的垂直距离，中国农业大学曾对轻型白来航母鸡进行了胫部长度测量，结果见表 3-2。

表 3-2　来航鸡体重和胫部长度

周龄	4	6	8	10	12	18
平均体重/g	293.97	434.12	607.15	787.89	946.30	1 206.10
平均胫长/mm	52.5	63.8	72.8	80.6	84.6	84.7

现在越来越多的养鸡研究者重视鸡的骨骼发育，他们认为应以骨骼的发育为主，其次为体重，这两项是观察鸡生长发育的重要指标。

(三)育雏前要做的准备工作

为取得良好的育雏成效,必须认真做好育雏的各项准备工作。

1.选择合适的鸡种

品种选择要根据市场需要来定,主要考虑蛋壳颜色、蛋重、适应性和种鸡场的管理水平。对鸡种的基本性能和饲养管理要求有所了解,以便做好有关准备。一定要从可靠的种鸡场进鸡,切忌从私人的鸡场购买商品代自繁的鸡,以免贪小便宜吃大亏。

2.确定育雏时间

育雏时间决定了本批鸡的性成熟期和产蛋高峰期所处的时间。有3个方面的因素会影响育雏时间的确定:

鸡群周转计划 对一个规模化鸡场而言,一年各季都要有更新鸡群。对于将要更新的鸡群应在鸡群淘汰前10～12周开始育雏,这样在鸡群淘汰,房舍清理、消毒,设备维护后本批雏鸡已达17周龄前后,即可进行转群。

市场蛋价变化规律 一年中不同季节蛋价变化较大,将鸡群产蛋高峰期安排在蛋价高的季节会明显提高本批鸡的生产效益。根据产蛋规律在26～45周龄期间鸡群产蛋量最高。根据对市场变化的分析,应在蛋价上涨之前25周或26周开始育雏。这对于农村养殖户是十分重要的。

成年鸡舍的环境状况 我国多数省、区的普通产蛋鸡舍冬季保温和夏季防暑性能不佳,尤以夏季高温的不良影响更为明显。开产期和产蛋高峰期不宜安排在一年中最热的月份,但对于防暑效果良好的鸡舍则无妨。

3.控制育雏数量

育雏数量要根据成年鸡房舍面积而定,考虑育雏、育成成活率和合格率,雏鸡要比产蛋鸡笼位多养15%左右。避免盲目进雏,否则数量多密度大,设备不足,饲养管理不善将影响鸡群的发育,增加死亡率;数量太少会造成房舍、设备、人员的浪费,增加成本,经济效益低。

(四)对育雏舍的要求

1. 育雏舍室温

要求为 20～25℃,不能低于 20℃,因此,房舍要求保温性能好,要有一定通风,既保证空气流通又不影响室温为宜。

2. 育雏舍离其他鸡舍的距离

至少应有 100 m,有条件的地方不与其他鸡混养一场,这样可减少疾病传染的机会。

3. 育雏舍的建筑

有开放式和密闭式两种,应根据当地条件、育雏季节和任务而选定。

4. 消毒和预热

在进雏前 2 周,舍内必须进行清洗和消毒。先清洗,待干后再用消毒药进行喷雾,最后将鸡舍密闭进行熏蒸。预热:在进雏前 1～2 d,育雏器和育雏笼及室内温度应达到标准要求。

5. 雏鸡的接运

如果本场孵化雏鸡,注射完马立克氏病疫苗后就可接到育雏室,不要等到全部出雏完毕才接,这样可防止因孵化车间温度低而使雏鸡着凉或失水。

如果从外场接雏,要按孵化场的通知,提前到达接雏地点。及时把雏运回,防止雏鸡开食过迟而影响成活率,否则将影响育雏成绩。

(五)雏鸡培育的质量指标

1. 雏鸡成活率

成活率是指期末存活鸡只数占入舍鸡只数的百分比率。成活率是衡量育雏工作的重要质量指标,成活率越高,育雏效果越好,它受雏鸡健康状况、饲养条件、营养水平、消毒防疫等许多因素的影响,所以,育雏工作中应注意选择健康的雏鸡,创造良好的饲养条件,提供充足的营养,搞好消毒防疫工作。一般育雏期成活率应在 95%以上。

2. 体重指标

体重是衡量雏鸡生长发育的重要指标。不同的鸡种都有自己各周龄的平均体重标准，符合体重标准的鸡将来产蛋性能好。体重太轻，说明生长发育不好，会影响将来的产蛋。

3. 生长发育均匀度

均匀度指鸡群内个体间体重的整齐度。每周定时空腹随机抽测鸡群 5%左右个体体重，如果鸡群内个体间体重差异小，性成熟（开产）时间一致，产蛋高峰高，持续时间长。均匀度的表示方法常用体重平均值±10%范围内的鸡只数占全群数来表示。如果均匀度达到 85%，这群鸡就较整齐。均匀度越高，表明鸡群发育越整齐，开产后能迅速达到产蛋高峰，且持续时间长；均匀度偏低鸡群，则会影响将来的产蛋，因此，应注意及时调整密度，采用分群饲养的方法，将大、中、小鸡分开饲养，据不同情况采用不同的饲喂制度。

（六）雏鸡健康养殖的环境要求

1. 合适的温度

温度是首要条件，也是育雏的关键，必须严格而正确地掌握。育雏温度包括育雏室和育雏器的温度，详见表 3-3。

表 3-3 雏鸡的供温参考标准

日龄	0～3	4～7	8～14	15～21	22～28	29～35	36～42
控温标准/℃	35～33	33～31	31～29	29～27	26～24	23～21	22～18

育雏时温度高低的衡量方法除参看室内温度计外，主要是观看雏鸡行为和听雏鸡叫声。温度高，雏鸡远离热源，翅和嘴张开，呼吸增加，发出吱吱的鸣叫声；温度低，雏鸡聚集一堆尽量靠近热源，并发出叽叽的叫声，因聚集成堆，在下层的鸡被压而窒息死亡。温度正常时，雏鸡活泼好动，吃食饮水都正常，在育雏室（笼）内分布均匀，晚上雏鸡安静而伸颈休息，见图 3-4。夜间气温低，育雏温度比白天应提高 1～2℃。

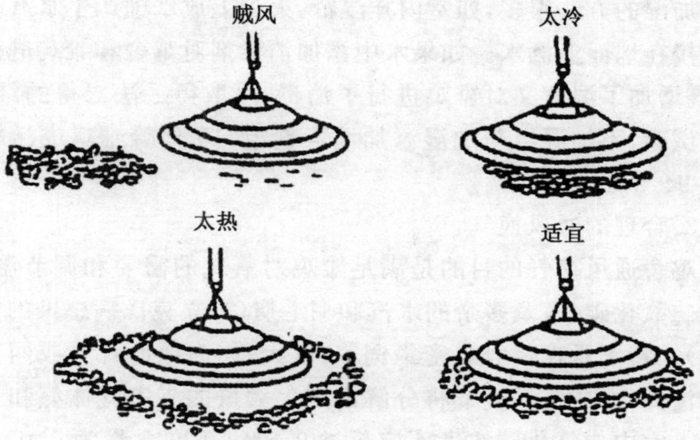

图 3-4　雏鸡不同温度反应示意图

（引自 http://wenmen.soso.com/，2006）

褐壳蛋中型鸡因羽毛生长速度晚于轻型蛋鸡，前期温度要求略高，以后与轻型蛋鸡温度要求相同。

2.适宜的湿度

在一般正常情况下，相对湿度不像温度那样要求严格，可在极端情况下或与其他因素共同发生作用时，可能对雏鸡造成很大危害。例如雏鸡脱水、出雏后停留时间超过 72 h 等，需严格控制舍内湿度。雏鸡需要的适宜湿度范围见表 3-4。

表 3-4　雏鸡的适宜相对湿度与极限值　%

日龄	0～10	11～30	31～45	46～60
适宜湿度	70	65	60	50～55
高湿	75	75	75	75
低湿	40	40	40	40

表 3-4 所给湿度范围要根据不同地区、不同季节而灵活掌握，一般在 10 d 后要注意防止高温高湿和低温高湿。

加湿的方法很多，如室内挂湿帘，火炉上放水桶产生水汽。有的直接在地面上洒水。如果水中添加消毒剂对鸡舍和雏鸡进行喷雾，既增加了湿度又对雏鸡进行了消毒，可取得一法二得的结果。有人试验，不加湿组与加湿添加消毒剂组，10 日龄雏鸡成活率分别为 94.2%和 98.3%。

3. 合理的通风换气

鸡舍通风换气的目的是满足雏鸡对氧气的需要和调节温度，排除二氧化碳、氨及多余的水汽和羽毛屑（马立克氏病感染的重要来源）。特别是现代养鸡密集饲养，群大，如为地面育雏或网育不能常清粪，在一定温度下将分解而产生大量的有害气体氨和二氧化碳。室内二氧化碳浓度不应超过 0.5%（正常含量为 0.03%），氨的浓度不应高于 20 g/m³，否则轻者可使雏鸡呼吸道致病，饲料报酬降低，性成熟延迟，抵抗力降低，感染疾病发生率增高，见表 3-5，重者导致雏鸡大量死亡。

表 3-5　氨气对鸡感染新城疫的影响

氨的浓度和持续时间	病毒接种(感染单位)	感染率/%
20 g/m³ 72 h	3	53
对照区	3	25
20 g/m³ 72 h	6	100
对照区	6	54
50 g/m³ 48 h	6	100
对照区	6	45

雏鸡舍通风方法有自然和机械通风两种，密闭鸡舍多采用后者。不同日龄所需换气量见表 3-6。

通风换气除与雏鸡的日龄体重有关外，还要随季节、温度变化而调整。为了净化空气，国外有的采用空气过滤器和辐射灭菌等方法，净化率可达 80%～84%。

表 3-6　密闭鸡舍不同日龄鸡的换气量　　1 000 只/h

日龄	体重/kg	换气量/m^3	
		最大	最小
0～20	230	1 800	456
21～30	305	2 400	600
31～50	600	4 680	1 200
51～70	810	6 300	1 620

最大换气量:体重 1 kg 为 7.8 m^3/h;最小换气量:体重 1 kg 为 1.98 m^3/h。

4. 适宜的饲养密度

密度过大,鸡群拥挤,采食不均,强者多食,弱者少食,结果造成前者超重,后者体轻而弱,使整个雏鸡群发育不齐,易感疾病和啄癖,死亡率增高。密度小虽有利于成活和雏鸡发育,但不利保温,且不经济。

密度大小应随品种、日龄、通风、饲养方式等而调整,不同日龄蛋用型鸡饲养密度见表 3-7。

表 3-7　蛋用型雏鸡不同饲养方式饲养密度

地面平养		立体笼养		网上平养	
周龄	密度	周龄	密度	周龄	密度
0～2	30～35	0～1	60	0～2	40～50
2～4	20～25	1～3	40	2～43	0～35
4～6	15～20	3～6	34	4～6	20～24
6～12	5～10	6～11	24	6～8	14～20
12～20	5	11～20	14		

5. 合理的光照制度

雏期前 3 d,采用 24 h 光照制度,白天利用自然光,夜间补充光照,每平方米 15～20 W 白炽灯光线,便于雏鸡熟悉环境,找到采食、饮水位置,也有利于保温。4～7 日龄,每天光照 22 h,8～21 日龄为 18 h,22 日龄后每天光照 14 h,光线强度也要逐渐减弱。

育雏前期较长的日照明时间有助于增加雏鸡的采食时间。

育雏室内的光线分布要均匀，尤其是采用育雏笼的情况下，需要在四周墙壁靠 1 m 高度的位置安装适量的灯泡，以保证下面两层笼内雏鸡能够接受合适的光照。光的颜色以红色或弱的白炽光照为好，能有效防止啄癖发生。

(七)雏鸡的饲养

1. 及时饮水

初生雏鸡接入育雏室后，第一次饮水称为初饮。雏鸡在高温的育雏条件下，很容易造成脱水，因此初饮应在雏鸡接入育雏室后尽早进行。初饮应安排在开食之前进行，对于无饮水行为的雏鸡应将其喙部浸入饮水器内以诱导其饮水。

初饮用水最好用凉开水，为了刺激饮欲，可在水中加入葡萄糖或蔗糖(浓度为 7%～8%)。对于长途运输后的雏鸡，在饮水中要加入口服补液盐，有助于调节体液平衡。在饮水中加入速溶多维、电解多维、维生素 C 可以减轻应激反应，提高成活率。

幼雏初饮后，无论何时都不应该再断水。对饲料的消化吸收，物质代谢和体温调节等方面都起着重要的作用。饲养中要防止长时间缺水后引起雏鸡暴饮。饮水器每天要刷洗并应更换 1～2 次，饮水器要充足，初饮时 100 只幼雏至少应有 2～3 个 4.5 L 大小的真空饮水器，并均匀分布在鸡舍各部。饮水器随鸡日龄增大而调整，立体笼养开始在笼内饮水，1 周后应训练在笼外饮水；平面育雏随日龄增大而调整高度。初饮的水温保持与室温相同，1 周后直接用自来水即可。雏鸡饮水量见表 3-8。

表 3-8　雏鸡的饮水量　mL/d

周龄	1～2	3	4	5	6	7	8
饮水量	自由饮水	0～50	45～55	55～65	65～75	78～85	85～90

2. 开食

雏鸡第一次喂食称为开食。开食时间一般掌握在出壳后24～36 h,初饮后2～3 h进行。开食不是越早越好,过早开食胃肠软弱,有损于消化器官。但是开食过晚有损体力,影响正常生长发育。当有60%～70%雏鸡随意走动,有啄食行为时开食效果较好。

开始几天可以把饲料放在盘内让雏鸡采食。4 d后的雏鸡要逐步引导使用料桶或料槽,10 d后完全更换为料桶或料槽。每天至少要清洗1次喂料用具,必要时要进行消毒处理。尽量避免雏鸡踩进盘内并在盘内排粪,以减少饲料的污染。

由于饲料在消化道内停留时间短,雏鸡容易饥饿(尤其是10日龄内的雏鸡),在喂饲时要注意少给勤添。每次喂料量以雏鸡在30 min左右吃完为度,每次喂饲的间隔时间随雏鸡日龄而调整。前3 d,每天喂饲7次,4～7 d每天喂饲6次,8～12 d每天喂饲5次,13 d以后每天喂饲4次。

雏鸡的饮水器和食槽在育雏室内分布均匀,水槽、食槽间隔放置,平面育雏开始头几天,水槽和食槽位置离热源稍近些,便于雏鸡取暖、饮水和采食。

3. 营养

雏鸡育雏阶段是一生中生长发育最快的时期,第1周末比出壳时体重增长1倍,2周龄时增至3倍,3周龄时增至5倍。雏鸡增重这么快,全靠采食饲料作为物质基础。因此,在育雏阶段采取自由采食的制度,也就是食槽里经常保持有一定数量的饲料(表3-9),让雏鸡随意啄食。目的是让雏鸡吃得多,长得快,为今后的正常生长打下良好的基础。雏鸡采食量很少,消化能力强,如果限制采食时间,强者抢吃,霸占地盘,弱者总吃不上食,这势必影响全群鸡的整齐度。在鸡群规模大,食槽数量又有限的情况下,不采用自由采食方法,鸡群肯定发育不均匀。所以,提供足够的食槽和水槽,让雏鸡都能同时有机会吃食和饮水,是最理想的。

表 3-9 白壳蛋鸡和褐壳蛋鸡各周龄大致给料量 g

周龄	白壳蛋鸡		褐壳蛋鸡	
	每只每天给量	体重范围	每只每天给量	体重范围
1	10～11	50～70	11～12	80～100
2	16	100～140	24	130～150
3	19	160～200	29	180～220
4	29	220～280	35	250～310
5	38	290～350	40	360～440
6	41	350～430	45	470～570

育雏期间每只雏鸡平均应有食槽位置 2.5 cm，饮水位置 1.5 cm。否则就会影响到雏鸡的自由采食和饮水，导致雏鸡生长发育不均匀，鸡群越大就越应保证所需的食槽和水槽。

采用自由采食制度，不等于把饲料添得满满的，而是把 1 d 喂料的数量分多次添加，让雏鸡随时都能吃到饲料。少喂勤添，可以减少饲料的浪费，又能保证鸡的食欲和群势整齐，降低死亡率是降低饲料成本的重要途径。

(八)雏鸡的管理

雏鸡管理除应控制与调节好最佳的环境条件外，还应做好以下工作。

1.雏鸡的断喙

蛋鸡的饲养期长，在笼养条件下很易发生啄癖（啄羽、啄肛、啄趾等），尤其在育成期和产蛋期，啄斗会造成鸡只的严重伤亡。另外，鸡在采食时常常用喙将饲料勾出食槽，造成饲料浪费。断喙是解决上述问题的有效途径，效果明显。商品家禽放养条件下，无需断喙。

断喙时间　断喙时间一般在 7～21 日龄期间进行。日龄早雏鸡太小喙太软，易再生，而且不易操作，对鸡的损伤大。断喙太晚出血较多，不利于止血。

断喙方法　断喙要用专门的断喙器来完成，刀片温度在800℃左右（颜色暗红色）。断喙长度上喙切去1/2（喙端至鼻孔），下喙切去1/3，断喙后雏鸡下喙略长于上喙。

断喙操作要点　单手握雏，拇指压住鸡头顶，食指放在咽下并稍微用力，使雏鸡缩舌防止断掉舌尖。将头向下，后躯上抬，上喙断掉较下喙多。在切掉喙尖后，在刀片上灼烫1.5～2 s，有利于止血。

断喙注意事项　断喙器刀片应有足够的热度，切除部位掌握准确，确保一次完成。断喙前后2 d应在雏鸡饲粮或饮水中添加维生素K（2 mg/kg）和复合维生素，有利于止血和减轻应激反应。断喙后立即供饮清水，1周内饲槽中饲料应有足够深度，避免采食时啄痛伤面。鸡群在非正常情况下（如疫苗接种、患病）不进行断喙。断喙时应注意观察鸡群，发现个别喙部出血的雏鸡要及时烧烫止血。

2.剪冠

饲养蛋种鸡的时候，需要对父本雏鸡进行剪冠处理。剪冠的目的在于切除鸡冠后成年公鸡的鸡冠残留比较小，在采食和饮水的过程中头部更容易伸出笼外；冬季能够防止鸡冠被冻伤；对于父本和母本羽毛颜色一致的品种，通过剪冠还能够很容易地发现雌雄鉴别错误的个体。

剪冠通常在1日龄进行，在雏鸡接入育雏室后可立即进行，日龄大则容易出血。操作时用左手握雏鸡，拇指和食指固定雏鸡头部，右手持手术剪，在贴近头皮处将鸡冠剪掉，用消毒药水消毒即可。只要不伤及皮肤一般不会有较多出血。

3.弱雏复壮

在集约化、高密度饲养条件下，尽管饲养管理条件完全一样，难免会造成个体间生长发育的不平衡而出现弱雏。适时进行强弱分群，可以保证雏鸡均匀发育，提高鸡群成活率。

及时发现和隔离弱雏　饲养人员每天定时巡查育雏室，发现弱雏及时挑拣出来放置到专门的弱雏笼(或圈)内。因为弱雏在大群内容易被踩踏、挤压,采食和饮水也受影响。如果不及时拣出很容易死亡。

注意保温 弱雏笼(或圈)内的温度要比正常温度标准高出1~2℃,这样有助于减少雏鸡的体温散失,促进康复。

加强营养 对于挑拣出的弱雏不仅要供给足够的饲料,必要时还应该在饮水中添加适量的葡萄糖、复合维生素、口服补液盐等,增加营养的摄入。

对症治疗 对于弱雏有必要通过合适途径给予抗生素进行预防和治疗疾病,以促进康复。对于有外伤的个体还应对伤口进行消毒。

(九)提高雏鸡成活率的措施

1. 严格执行免疫接种程序,预防传染病的发生

由于生理结构及饲养密集等原因,鸡较家畜容易发生传染病,尤其是雏鸡,一旦得病,传染快,死亡率高。因此,任何一个鸡场都必须把防病工作放在重要的位置。

每天早上要通过观察粪便了解雏鸡健康状况,主要看粪便的稀稠、形状、颜色等。每天及时清理粪便、刷洗饮水设备和消毒。按照种鸡场提供的免疫程序及时接种疫苗。对于一些肠道细菌性感染(如鸡白痢、大肠杆菌病、禽霍乱等)要定期进行药物预防。20日龄前后要预防球虫病的发生,尤其是地面垫料散养。

通常情况下,育雏室与周围要严格隔离,杜绝无关人员的靠近,尽可能减少育雏人员的外出。

2. 雏鸡早期死亡原因分析

根据资料统计,雏鸡早期死亡多发生在10日龄以前,随日龄增大,抵抗力增强,死亡率下降。监测死亡率的方法,即判断它是否超过预定的限额。幼雏健壮,饲养管理正常时,头1周的死亡率不应超过0.5%。

雏鸡早期死亡大致有以下原因：种蛋来自非健康鸡群，一些疾病经蛋垂直传递后，使雏鸡致病，如鸡白痢、鸡支原体病等；孵化过程中因卫生不良，感染鸡胚，如脐炎等；孵化条件掌握不当使幼雏脐部愈合不全；幼雏运输不当，使其体质削弱；育雏条件掌握不好，造成雏鸡死亡；其他原因，如兽害、机械损伤致死等。

3. 减少意外伤亡

防止野生动物伤害。雏鸡缺乏自卫能力，老鼠、鼬、鹰都会对它们造成伤害。因此，育雏室的密闭效果要好，任何缝隙和孔洞都要提前堵塞严实。当雏鸡在运动场过程中要有人照料雏鸡群。猫、狗也不能接近雏鸡群。

减少挤压造成的死伤。室温过低、受到惊吓都会引起雏鸡挤堆，造成下面的雏鸡死伤。

防止踩、压造成的伤亡。当饲养员进入雏鸡舍的时候，抬腿落脚要小心，以免踩住雏鸡、放料盆或料桶时避免压住雏鸡；工具放置要稳当、操作要小心，以免碰倒工具砸死雏鸡。

笼养时防止雏鸡的腿脚被底网孔夹住、头颈被网片连接缝挂住等。

二、育成鸡的饲养管理要点

雏鸡生长到 8 周龄时，机体各系统器官的机能如体温调节、消化功能等基本健全，雏鸡开始脱温，对外界有较强的适应力，骨骼、肌肉和内脏的生长都处于旺盛时期，采食量增加，生长很迅速，羽毛经几次脱换后长出成羽。脂肪沉积能力随日龄增加而增强，母鸡 12 周龄以后，性器官的发育尤为迅速，对环境条件和饲养水平非常敏感。此时，饲养管理水平在一定程度上决定了将来种鸡生产性能的高低。因此，保证生长鸡的骨骼和肌肉系统的充分发育，使育成鸡提前达到性成熟体重、提前开产是育成期管理的关键。

(一)育成期管理的任务及影响

1. 群体发育均匀度高

实践证明,育成鸡发育整齐度越高,在性成熟后的生产性能越好。尤其是16或17周龄鸡群发育的整齐度是衡量育成鸡群培育效果的重要指标。这个时期鸡群内至少有80%的个体体重在平均标准体重±10%的范围内。

2. 体重发育适宜

性成熟时体重的大小会影响鸡群开产日龄的早晚、初期蛋重的大小、产蛋高峰持续时间和产蛋期的死淘率。在育成前期鸡的体重可以适当高于推荐标准,育成后期则控制在标准体重范围的中上限之间。体重小会明显影响鸡群的产蛋性能。有人通过统计发现,蛋鸡育成结束时的体重每小于标准体重50 g,全期产蛋量少6个左右。

3. 性成熟期控制适当

性成熟早会使早期蛋重偏小、脱肛发生较多、产蛋高峰持续时间短,产蛋期死淘率偏高。性成熟晚会缩短鸡群的产蛋时期,产蛋量也比正常少。一般在生产中于19～20周龄作为育成期向产蛋期转换的时间。

(二)养好育成鸡的关键技术环节

1. 根据育成鸡体重进行饲养管理

育成期管理的依据,是按照体重状况,对鸡群进行饲养管理,而不是周龄。目前认为,这是管理中的最佳方法。以往,前6周龄饲喂雏鸡料,以后依次喂青年鸡料,再更换成开产前期料。但这种固定的饲养方法没有考虑群体的差异,这对体重小的鸡以后产蛋不利。而根据鸡的体重状况采取相应的饲养管理,是一种灵活的饲养方法。

对体重较小鸡群加强饲养管理,直到12周龄时体重超过标准，在产蛋高峰时，使鸡群充分发挥遗传潜力，成为理想的鸡群。利用粗蛋白 18%的雏鸡料饲喂到 6 周龄（以后改喂青年鸡料）和 12 周龄相比，成本大约只相差 2 个鸡蛋价格，但性成熟时体重较理想，与体重轻的鸡相比，多产的蛋远远超过 2 个。

2. 提供适宜营养水平的饲料

Lesson 等人（1991）根据体重推荐了雏鸡到开产鸡不同阶段饲料的营养水平。

雏鸡料　适用于从出壳到体重达标准体重时为止，粗蛋白 18%～19%，代谢能 11.50～12.12 MJ/kg。

青年鸡料　适用于从体重达标到成熟体格，粗蛋白 15%～16%，代谢能 11.5～12.12 MJ/kg。

开产料　适用于性成熟体格到开产，粗蛋白 16%～18%，代谢能 11.5～12.12 MJ/kg。

3. 科学地进行光照管理

光照时间对鸡的采食量和性器官发育都有影响，所以，光照制度在育成期饲养管理中占有重要地位。

固定短光照方案　育成期内每天的光照时间为 8～10 h，或育成前期每天光照时间为 10 h，育成后期为 8 h。这种方案用在密闭鸡舍，在有窗鸡舍内使用的时候需要在早晚进行遮光。

逐渐缩短光照时间　一般在有窗鸡舍使用。育成初期（10 周龄前）每天光照时间 15 h，以后逐渐缩短，18 周龄时控制在每天 12 h 以内。

育成后期需要逐周递增光照时间以刺激鸡群生殖系统的发育，为产蛋做准备。加光时间需要考虑鸡群的周龄和发育情况。发育正常的鸡群可以在 18 或 19 周龄开始加光，如果鸡体重偏低则应推迟 1～2 周加光。加光时间不能早于 17 周龄。加光的措施，第一周在原来基础上增加 1 h，第二周递增 40 min，以后逐周递增 20～30 min，在 26 周龄每天光照时间达到 16 h 稳定不变至淘汰期。

4.加强育成鸡的体重调节工作,提高鸡群均匀度

鸡在育成期体重应呈直线上升,中途不应有折线发生。当实际体重超过标准体重时,一般不采取体重调节。当体重达到转入产蛋鸡舍体重时,应立即转群。因为在达到理想体重时给予光照刺激,促使性早熟。不过,当体重没有达到饲养标准体重时,过早熟和应激会造成蛋重变小,并提高子宫脱垂的发生率。常规的体重调节方法是:当体重超标时,通过降低饲料的营养水平,或限制饲喂量来解决。这种方法虽能达到降低体重的目的,但会造成生长曲线转折,鸡群整齐度差,对产蛋不利。所以,千万不要用减慢生长发育的手段来达到调节成熟体重之目的。罗曼褐蛋鸡体重随周龄变化曲线见图 3-5。

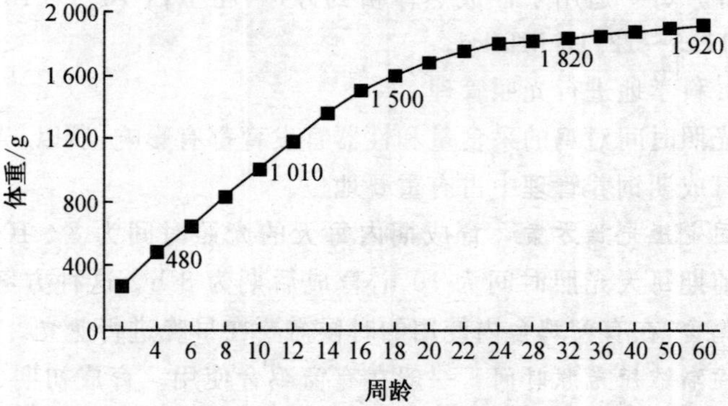

图 3-5 罗曼褐蛋鸡体重随周龄变化曲线

鸡群发育不均,饲养管理也很难一致。发育不均衡导致开产日龄不一致,使采食量参差不齐。性成熟晚的鸡体重较小,采食量小,营养不足;性成熟早的鸡,体重大,过度采食,从而使不均衡的情况更加严重。产蛋鸡群发育不整齐与整齐鸡群相比,产蛋高峰推迟。

(三)加强育成鸡日常管理

1. 转入育成舍初期的管理

在转入育成舍之前，应对舍内设备进行彻底清洗、消毒，密闭空闲 3～5 d 后转入鸡群。转群第一昼夜光照 24 h，便于熟悉环境。平养条件下，在寒冷季节转群应升高舍温到与育雏舍相近温度，如笼养舍温控制在 18℃以上为佳。整理鸡群，点数，使每笼鸡只数保持一致，强弱鸡要分笼饲养。

2. 加强体重监测工作

每 2 周抽测体重一次，与本品种的标准体重要求相比较，然后进行喂料量的调整(±1%)。8 周龄体重应该占到 20 周龄体重的 40%，12 周龄为 20 周龄体重的 60%，群体整齐度应在 75%±10%以上。

3. 调整鸡群

使每笼或每群鸡只体重强弱均匀一致，并且要调整鸡群密度，随鸡龄增加不断调整，减少每平方米饲养鸡只数。

4. 淘汰

及时淘汰误鉴公鸡及严重缺陷鸡。

5. 补断喙(修喙)

对第一次断喙不好或断喙温度过低喙又长出的个别鸡，在 12 周龄应结合转群或扩群查看喙的情况，重新补断一次。

6. 做好驱虫和防疫工作

平养鸡只应驱蛔虫和蛲虫，8～10 周一次，开产前一次。驱虫药物可采用灭绦灵 0.25 g/只，拌料连喂 2 d 或用槟榔片磨成粉末按每千克体重 1～2 g 饲喂，或用 50 g 药加 1 000 mL 水煎成 750 mL 药液，每千克体重服 8～10 mL。

在鸡开产前，应做好所有的防疫工作，一般在 3 月龄后接种新城疫、减蛋综合征、禽霍乱、传染性支气管炎等疫苗。

7. 加强通风

通风的目的主要是夏天起到降温作用，调节室内空气含量，随鸡只日龄增大，通风量应逐渐增大，应保持舍内氨气浓度不超过 20×10^{-6}。

8. 做好经常性的环境卫生和消毒工作

每2～3天进行一次带鸡消毒。带鸡消毒在现代化养鸡业中应用广泛，常用的消毒药有百毒杀、抗毒威、新洁尔灭等。采用喷雾法，高度超过鸡背20～30 cm，可杀灭细菌和净化空气。

9. 及时转群

一般在开产前2～3周（目前一般为17周）转入产蛋鸡舍，严禁开产后再转入蛋鸡舍。转群时应淘汰发育不良、有疾病、弯嘴、跛脚等残次鸡。

三、产蛋鸡的饲养管理要点

（一）产蛋鸡的日常管理

日常管理中，只有认真、持之以恒地不断发现、思考，并解决生产中的实际问题，才能保证鸡群高产稳产，不发或少发疾病。

1. 注意观察鸡群

半舍饲的鸡群每天放鸡、饲喂是观察鸡群的最好时机，可看到鸡群的精神、食欲等情况，对呆立、不出圈的鸡要仔细察看。对有病症和不吃食的鸡要捉出隔离观察。要经常检查粪便是否有异常，茶褐色的黏便一般是由盲肠排出并非疾病所致；黄绿色的痢粪是消化不良、中毒或为鸡新城疫等病所致。红色或肉色的粪便一般是蛔虫或绦虫所致。要查找病因，对症处理。如发生呼吸困难、咳嗽等呼吸道疾病可能与感染病毒有关。

2. 维持环境条件的相对稳定

鸡对环境的变化非常敏感，同时非常胆小，易受惊吓，突然的声响、晃动的灯影等都可能引起惊群。要尽可能维持环境条件的相对稳定，如定人定群、定时放鸡、按时饲喂等，每天的工作程序不要轻易变动。在鸡舍、运动场内外工作时动作要轻稳，尽可能减少进出鸡舍的次数，不要让其他动物窜进鸡舍。进出鸡舍或运动场要注意关门，防止鸡只离圈或串群。

3. 设置、处理料槽和水槽

设置足够的料槽、水槽，经常刷洗，定期消毒。

4. 尽可能掌握鸡群的采食量与饮水量

鸡群减少饮食往往是发病的先兆，可据此及时查找原因，尽早处理。

5. 调节通风量

不管是自然通风还是机械通风，均应根据外界与舍内温度调节通风量，尽可能保持舍内空气新鲜、温度适宜。

6. 检查设施是否运转正常

有机械设备的鸡舍，每天应检查各条饲料线、饮水线、集蛋线以及通风与刮粪设施是否运转正常。

7. 及时淘汰低产鸡和停产鸡

产蛋性能的高低在外貌和生理特征上有明显的反应。因此，通过家禽的外貌和生理特征在一定程度上可以鉴定出家禽产蛋性能的高低，作为选种和淘汰的一种手段。同时及时地淘汰低产鸡和停产鸡，可有效地减少饲料浪费、降低产蛋期的死亡率和淘汰率，提高养殖经济效益。低产蛋鸡和停产鸡特点见表 3-10 和表 3-11。

8. 每天应记录鸡群管理日记

内容包括鸡群的变动，即存活、淘汰、死亡只数；产蛋总数及破蛋数；定量饲喂的鸡群每天应记录鸡群的采食量和饮水量；每天的温度和通风情况。光照时间发生变化也应做记录。

表 3-10 产蛋鸡与停产鸡的区别

项目	产蛋鸡	停产鸡
冠、肉垂	大而鲜红，丰满，温润，椭圆形	小而皮皱，色淡或暗红色，干燥无温暖感
肛门	大而丰满，温润，椭圆形	小而皱缩，干燥，圆形
触摸品质	皮肤柔软细腻，趾骨端薄而有弹性	皮肤和趾骨硬，无弹性
腹部容积	大	小
换羽	未换羽	已换或正在换
色素	肛门、喙和胫等已褪色	肛门、喙和胫为黄色

表 3-11 高产蛋鸡与低产蛋鸡的区别

项目	高产蛋鸡	低产蛋鸡
头部	大小适中，清秀，头顶宽	粗大、面部有较多脂肪沉积，头过长或短
喙	粗稍短，略弯曲	细长无力或过于弯曲，形似鹰嘴
头饰	大，细致，红润，温暖	小，粗糙，苍白，发凉
胸部	宽而深，向前突出，胸骨长而直	发育欠佳，胸骨短而弯曲
体躯	背长而平，腰宽，腹部容积大	背短，腰窄，腹部容积小
尾	尾羽开展，不下垂	尾羽不正，过高、过平或下垂
皮肤	柔软有弹性，稍燥，手感良好	厚而粗，脂肪过多，发紫发硬
耻骨间的距离	大，可容 3～4 指以上	小，3 指以下
胸、耻骨间的距离	大，可容 4～5 指以上	小，3 指或 3 指以下
换羽	换羽开始迟，延续时间短	换羽开始早，延续时间长
性能	活泼而不野，易管理	动作迟缓或过野，难于管理
各部位的配合	匀称	不匀称
觅食力	强，嗉囊经常饱满	弱，嗉囊不饱满
羽毛	表现较陈旧	整齐清洁

(二)产蛋鸡的四季管理

温度是蛋鸡饲养管理重要的环境因素之一,因为温度对鸡生理有多方面的影响。保持鸡舍最适宜的温度,是保持产蛋率平稳和节省饲料的重要措施。鸡对温度有一定的适应能力,一般认为在13～25℃范围内不影响产蛋性能。从节省饲料的角度看,以20～25℃为宜,20℃时产蛋率最佳。15℃以下每降低1℃,产蛋率下降1.5%。25℃以上温度对产蛋量有影响。例如,把21℃时蛋重作为100%,26℃时就降为99.1%,32℃时为96.6%,37.7℃时为86.6%。26℃以上蛋壳变薄,30℃以上破蛋率明显增加。为了提高产蛋率,维持产蛋曲线平稳,要根据四季气候的变化,采取相应的管理措施。产蛋期间,特别是产蛋高峰期,环境条件急剧变化或饲养管理上出现失误,都会导致产蛋率下降。实践证明,产蛋率一旦降低,要使其恢复至原有水平是较难的,至少要经过2～3周以上时间才能接近降低前的水平。

1.春季的饲养管理

春天,气温回升,万物更新。但早春冷暖天气交替变化,昼夜温差较大,3月中旬以后气温才较稳定。经过一个漫长的冬天,鸡的体质较弱,要加强饲养,增强体质。随着自然光照时间的延长,由于生物进化上的原因,鸟类多在春季繁衍后代,因此,无论开放式鸡舍还是密闭鸡舍饲养的鸡,在春天一般都会出现产蛋率回升现象,而且会出现一个产蛋的次高峰。次高峰出现的早晚与持续时间的长短,主要取决于饲养管理的好坏。如能抓好这个环节,对促进全年高产会起良好的作用。受外界温度影响较大的开放式鸡舍饲养的鸡,抓好饲养管理,利用春季的有利时机,对增加产蛋量效果更为明显。

管理上,在气温尚未稳定的早春,开放式鸡舍的通风换气要根据风力的大小、天气的阴晴、气温的高低来决定开窗的次数、大小和方向。一般情况下，早春北面窗户夜间关闭，白天无大风天气，可适当打开通风换气。南面窗户白天可以打开，夜间少量窗户可以不关以利于通风换气。昼夜温差不大且无大风天气时，北窗可以部分或全部打开，这样能保持舍内空气新鲜，创造良好的生活环境。

2.夏季的饲养管理

夏天高温、高湿，常有雨天出现。鸡的皮肤没有汗腺，体躯又为羽毛所覆盖，因此，鸡不耐高温。10～28℃的温度范围内母鸡产蛋性能不致受明显影响，但不能忍受30℃以上的持续高温。

夏季蛋鸡生产中常见问题：采食量下降导致营养摄入不足、饮水量增加，影响饲料消化吸收，粪便易分解导致舍内有害气体超标，饲料中营养素易被破坏，营养摄入不均衡，母鸡产蛋率降低，蛋重变小，蛋壳变薄，破蛋率增加。

不同基因型的鸡种，对高温反应不同，有些鸡种在高温下能保持较高的产蛋率。同类鸡种中也有耐高温的群体，饲养者在选择鸡种时必须考虑地区条件，选择适于本地饲养的鸡种。

为解决高温条件下鸡采食量减少，摄取的营养不足，影响产蛋性能的问题，一般把日粮的蛋白质水平和能量含量适当提高，使母鸡在食量减少的情况下仍能满足营养需要。新的观点认为，蛋白质的热增耗高于碳水化合物和脂肪，因此，高温条件下给母鸡喂高蛋白质水平的日粮，是不适宜的。要想保持夏天母鸡有较高的产蛋水平，一方面在高温来临之前加强饲养，使鸡体有足够的营养贮备，这是防止高温下产蛋率急剧降低的有效手段之一；另一方面利用夏季早、晚天气凉爽的时间给料，这时鸡的食欲较好，让鸡尽可能多采食，以保证食入所需的营养。日粮中加入0.3%的氯化胆碱有利于提高产蛋率、降低饲料消耗，因为胆碱能促进蛋氨酸的合成和防止脂肪的沉积。

密闭式鸡舍采取纵向通风(由舍一端进风，另一端排风)，可以消灭和克服舍内通风死角和风速小、不均匀的现象，同时也能克服横向排式或串联式通风所造成的鸡舍间交叉感染的弊端。纵向通风配合湿垫降温，对夏天鸡舍降温有明显的作用，这种通风方式已在我国很多鸡场推广，收到了良好的效果。

开放式鸡舍在热天必要时可安装风扇，利用送风方式来降低鸡的体表温度。夏天虽然开放式鸡舍内温度与外界几乎一致，但如能安装风扇，给鸡的头部吹风，使鸡有凉快感，采食就较正常，有利于鸡群度过炎夏。

夏天也是鼠类和蚊蝇大量繁衍的季节，要做好经常性的灭鼠和灭蚊蝇的工作，以减少疾病的传播、饲料的消耗和对鸡群的干扰，要注意防止鸡虱、羽螨的繁殖和传播。

3. 秋季的饲养管理

立秋后，白天渐短，夜晚渐长。这时，在开放鸡舍饲养的产蛋鸡，要增加人工补充的光照，以促进产蛋。由于自然光照缩短，天气渐凉，昼夜温差较大，开放式鸡舍养鸡要做好鸡舍的防寒保温工作，夜间要适当关闭部分窗户，以防鸡感冒。入秋以后，由于注意保温，鸡舍相对通风较差，应注意避免爆发呼吸道疾病、霉形体病（旧称支原体）等。在无大风降温天气时，秋天仍应开窗通风，让鸡逐渐适应天气的变化。

经历1年产蛋的母鸡，有一部分低产鸡开始停产换羽，这是自然现象。这时是人工强制换羽的好季节，也可以根据换羽情况来挑选高产母鸡。凡到秋季就开始换羽的鸡，其产蛋成绩都不太好，而羽毛残旧、冠子红润、仍然产蛋的母鸡多为高产者。早春孵出的鸡，有一部分开产过早的母鸡，到秋末也可能产后早衰，出现休产，甚至换羽。

春天孵出的鸡，到秋天进入产蛋高峰期。由于春秋两季是一年中气候最适宜的时期，要抓好饲养管理，促进高产稳产。但到晚秋以后，气温逐渐下降，且时常有寒流侵袭，天气变化较快，对处于高峰期的鸡更应加强管理，否则会使产蛋率下降，再恢复到原来的水平就很困难。

4.冬季的饲养管理

冬季，是一年中日照最短的季节，气温最低，大风降温天气较多。无论是密闭鸡舍，还是开放式鸡舍，都要做好防寒保温工作。要防止贼风直吹鸡体，尽可能使鸡舍温度保持10℃以上，否则就会影响产蛋。保温性能差的鸡舍，鸡群规模又不大，光靠鸡群自温难以维持所需舍温时，要加温才能保持高产。"三九"天又遇寒流时，要防止饮水结冰、水管冻裂。

冬季一定要补充人工光照，达到鸡龄所需的光照时数。冬天老百姓散养的鸡因气温低，又不补充光照，加上饲料质量差，一般不产蛋，如能解决上述3个问题，鸡照样产蛋。

天气冷，鸡为御寒而采食饲料量增加，因此，冬天要适当多喂些料，以关灯前把料吃完为好。在做好保温的前提下，还应注意通风换气。有窗鸡舍，白天根据阴晴、风力大小，适时适量开窗通风换气，同时要及时清粪。只重视保温而忽视通风，容易使鸡发生呼吸道疾病。

冬季鸡群易患呼吸道疾病，必须给予足够的重视，否则会给鸡场带来很大的经济损失。母鸡冬季必要换气量见表3-12。

密闭鸡舍，可根据舍内空气污浊情况定时、定量开启风机。较大的鸡舍，一般都有几组风机，冬季可根据气温情况，适当开一组或两组风机或开一两个风机，做到适当通风换气。有窗鸡舍，要根据鸡群密度大小、温度高低、鸡的日龄大小、天气阴晴、白天黑夜、风力大小、有害气体的刺激程度等因素来决定开窗时间的长短、开窗的多少、开窗的次数等。这些全凭饲养人员的经验和责任心。风速、温度与体感温度的关系见表3-13，温度与体感温度的关系见表3-14。

表 3-12　母鸡冬季必要换气量

日龄	体重/g	换气量/(m^3/min)	
		最大	最小
0～20	230	30.0	7.6
21～30	305	40.0	10.0
31～50	600	78.0	20.0
51～70	810	105.0	27.0
71～90	1 030	134.0	34.0
91～120	1 330	173.0	44.0
120～150	1 540	200.0	51.0
成鸡	1 900	250.0	63.0

注：最大换气量，每千克体重 0.13 m^3/min；最小换气量，每千克体重 0.033 m^3/min。

表 3-13　风速、温度与体感温度的关系（相对湿度为 100%时）

温度①/℃	体感温度/℃				
	0 m/s	1 m/s	2 m/s	3② m/s	温度差③
35	35.0	34.3	33.7	33.3	1.7
28	28.0	26.5	25.2	24.0	4.0
21	21.0	19.0	17.0	15.5	5.5
10	10.0	5.5	3.4	0.0	10.0

注：③＝①－②。

表 3-14　温度与体感温度的关系

温度/℃	相对湿度/%	体感温度/℃	温度差/℃	
35	100	35.0	0	0
35	80	32.5	2.5	2.5
35	63	31.0	1.5	4.0
35	47	29.3	1.7	5.7

预防鸡传染病的重要措施是要适时接种鸡新城疫、传染性支气管炎、传染性喉气管炎、传染性鼻炎等疫苗或菌苗。同时，要定期做好鸡的饮水消毒、带鸡喷雾消毒等日常性的卫生保健工作。

(三)开产前后的饲养管理

鸡群一般在21～24周龄产蛋率达50%,标志着达到性成熟,在这前后的一段时期内是鸡群由生长期向产蛋期转变的过程,鸡群的行为与生理等方面都会发生一些变化,因此,此阶段在饲养管理上要采取一些措施,使鸡群能够顺利地进入产蛋期,并为以后几周产蛋率的逐渐上升做好准备。现将此阶段饲养管理要点简要介绍如下。

18周龄时要称鸡的体重,此时白壳蛋系的育成鸡体重应在1 100 g以上,褐壳蛋系的育成鸡应在1 350 g以上,如果体重低于此界限,原来限制饲喂的应改为自由采食,18周龄后原来饲粮中能量与蛋白质水平较低者应提高其浓度,白壳蛋系应不低于17%;褐壳蛋系不低于16%。

在鸡开始产蛋的前1～2周,如原来没有放置或开启产蛋箱,应提前放置或打开产蛋箱。

18周龄后,饲粮中钙的水平应达到2%,以满足一部分早熟鸡对钙的需要。

20周龄后,饲粮中的钙应提高到3.5%。

(四)产蛋高峰期的饲养管理

一般在鸡群产蛋率达50%后1个月左右的时间即达产蛋高峰。秋后开产,秋冬不补充人工光照的鸡群,产蛋高峰往往推后到次年的3～4月份。如补充光照,饲粮质佳,管理得当,当年冬季即出现高峰,优种母鸡处产蛋高峰时,有7～10周的时间产蛋率达90%以上。此时鸡体产蛋机能与饲料转化均处于最旺盛时期,但此时的抵抗力也较弱,针对这种情况,此阶段在饲养管理中要注意以下几个问题:

1.满足营养需要

在鸡群产蛋开始升向高峰和达到高峰的这一时期,一定要千方百计满足鸡群的各种营养需要，特别是蛋白质、必需氨基酸、钙、磷和维生素A、维生素D_3、维生素E等不能低于应给的水平。如此时鸡体得不到足够的养分，不但产蛋潜力不能充分发挥，也会削弱鸡的体质，给以后的产蛋和健康状况都会带来不良的影响。

2. 稳定饲养程序

在此期间要保持鸡舍的安静和环境条件的稳定，尽可能不要在此时激起鸡群骚动。

3. 卫生防疫

环境一定要清洁、卫生，尽可能防止鸡群在此时感染疾病。如此阶段产蛋高峰达不到应有水平，将会严重影响全年产蛋量。

(五)控制蛋重

通常生产者与消费者都希望得到较大的鸡蛋。家禽育种者也从提高蛋重中来提高商用品系的产蛋总重。因而近些年来通过选种，改进饲料配方等方法，蛋重逐年有所增加，特别是一些褐黄蛋鸡，平均蛋重达到63～65 g，高的达到66～67 g。蛋重偏高会产生一些不利影响，如破损率高，尤其是产蛋后期或运输过程中破损率显著增加。因此，有些从事长途贩运的贩蛋者在收蛋时规定每箱（每箱一般360个蛋）重量的高限，或者每箱收购价格按不同重量等级付款，箱重（也即蛋重）愈高，蛋价愈低。此外，蛋重过大，由难产而造成的输卵管脱垂（也称脱肛）使鸡群的死淘率增高。

1. 控制蛋重的目的

减少蛋的破损，使商品蛋获得合理的售价，降低鸡群的死淘率，节省饲料费用。

2. 控制蛋重的适宜时期

一般在产蛋高峰过后的3～4周开始控制。控制必须在蛋重未超过预订水平之前开始，否则不易见效。

3. 控制蛋重的途径

选择适宜的鸡种　蛋重一般随鸡周龄的增长而增加，但不同的品系蛋重变化有所不同，较为理想的品系是：初产蛋重不太小，而后期的蛋重增加不太多。

适当提高光照刺激　一般体重大的品系，蛋重也相应较大。对此，可适当提高光照刺激，如在18周龄时即开始光照刺激，使鸡性成熟稍稍提前，开产早，初产蛋重较小，体重的增长也会减缓，鸡的体重有所降低，全期蛋重也会较小。但也要根据鸡群的健康和发育状况，不可过早或对体重偏低的鸡群提前光照刺激。否则会造成早产早衰的不利影响。

适时提高舍温　密闭式鸡舍在可控制温度的季节，适当地提高舍温，如将舍温提高到不超过25℃，鸡群采食量降低，产蛋率不受影响，蛋重会有所降低。如超过25℃或更高，则会降低蛋壳质量，甚至使产蛋下降。

限制饲粮中粗蛋白或含硫氨基酸的水平　上文已提及控制蛋重宜在产蛋高峰过后3～4周开始。以此作为基准，如此时饲粮中粗蛋白的水平为16.5%，则每周递降0.3%，直至达到理想的蛋重为止。如此时每天每只鸡采食620 g含硫氨基酸（蛋氨酸＋胱氨酸），则每周递降5 mg，直到达到理想的蛋重为止。

4. 控制蛋重需注意的问题

采取限制营养水平控制蛋重时，必须准确了解饲粮中有关营养素的浓度及其安全余量和实际摄入量，才能掌握控制的进度与效果。

初期控制时需设对照组，以便比较控制组与对照组两群鸡产蛋与蛋重的变化。

控制蛋重预期效果。在控制蛋重的同时，多数情况下，产蛋率也略有下降，如控制一段时间后蛋重下降0.5 g，产蛋率下降不超过0.7%，则表明控制正常。末期控制蛋重的比不控制的约低2 g，如不控制的为66 g，控制的为64 g，即达到了预期的效果。

控制蛋重是一项技术性很强，需周密进行的管理措施。目的是要达到控制蛋重而不影响综合经济效果，如蛋重控制偏低，产蛋率减少和蛋价上升的幅度等慎加权衡，以期在提高产品质量的同时提高生产效益。

(六)笼养蛋鸡的人工授精技术

蛋种鸡采用笼养方式必须进行人工授精。采用人工授精的方法与自然交配相比，可减少种公鸡的饲养量，降低养殖成本，提高工人的劳动生产率。如将采出的精液稀释后使用可以使公母比例达到1∶(50～60)，大大减少了种公鸡的饲养量，可有效提高经济效益。目前，饲养种鸡的场(户)也普遍采用了人工授精技术。

1. 种公鸡的管理要求

公鸡的选留：18周龄时体形外貌要符合品种特征、体质健壮，发育良好，有一定营养体况、性欲旺盛的个体。

饲养方式：选留的种公鸡在采精前3～4周应隔离饲养，最好采用专门的公鸡笼饲养，每只鸡一个小单笼，隔离1周后可以进行采精训练。

饲料要求：饲料蛋白质在14%～16%，蛋白质含量高则精液浓度大；复合维素含量高可以提高精液总量。因此，在种公禽饲养中蛋白质和维生素的含量可适当提高。钙的含量在1%～2%。

饲养管理要求：种公鸡最好与母鸡分舍饲养，自由采食；每天光照时间要求为14～15 h；室内温度在10～30℃，空气质量良好。

采精前的准备：在采精之前应将公鸡肛门周围的羽毛剪去，以免妨碍操作或污染精液，之后用蒸馏水擦洗干净。所使用的试管、专用胶头滴管、采精杯、输精枪等都要进行蒸煮消毒。

2. 采精方法

根据生产实际，公鸡的采精方法有两种：

双人采精　训练时两人协作，实际生产中由三人配合，两人分别抓鸡保定，一人采精。

鸡的保定：助手双手握住公鸡两侧大腿的基部，并压住部分主翼羽以防翅膀扇动，使其双腿自然分开，尾部朝前、头部朝后，保持水平位置或尾部稍高，固定于右侧腰部旁边，高度以适合采精者操作为宜。也有其他保定方法，但总体要掌握的原则是：公鸡感觉舒适，方便采精操作，工作效率高。

采精操作：采精者右手持杯置于泄殖腔下部的腹部柔软处，左手沿公鸡翅膀基部向尾根方向按摩。按摩时手掌紧贴公鸡背部，稍施压力，近尾部时手指并拢紧贴尾根部向上滑过，施加压力可稍大，按摩3～5次，待公鸡泄殖腔外翻时左手放于尾根下（也可以将公鸡尾巴推向左侧），拇、食指在泄殖腔上两侧施加压力，右手将采精杯置于交接器下面承接。

单人按摩采精　可由两人配合，一人抓鸡，一人采精。其操作方法是采精者系上围裙，坐于凳子上，左腿压在右腿上，用大腿夹住公鸡双腿，公鸡头部朝向左侧，按摩采精操作要求同上面方法。

训练好的公鸡，一般按摩2～3次便可射精，有些习惯于按摩采精的公鸡，在保定好后，采精者不必按摩，只要用左手把其尾巴压向背部，拇指、食指在其泄殖腔上部两侧稍施加压力即可采出精液。

采精操作注意事项：要保持采精场所的安静和清洁卫生。采精人员要固定，不能随便换人，因各人按摩的手势轻重不同；采精日程也要固定，以利于射精反射的建立。采精过程中一定要保持公鸡舒适，抓鸡、保定和向笼内放鸡时动作不能过于粗暴，不惊吓公鸡或使公鸡受到强烈刺激，否则会采不出精液、精液量少或受污染。挤压公鸡泄殖腔要及时和用力适当。采出的精液温度保持在30～35℃（可将贮精试管握在手中）。注意卫生，当按摩采精时公鸡排粪应用棉球或卫生纸擦净后再采；受粪便污染的不要接取，发现有病的公鸡及时隔离治疗或处理。在繁殖生产中鸡的采精频率为每周3次或隔日采精。

3.输精技术

在母鸡的输精操作中通常采用输卵管口外翻输精法，也称阴道输精法。生产中由三人配合操作，两人抓鸡，一人输精。

抓鸡与翻泄殖腔：助手将母鸡从笼内抓出，抓住母鸡双翅基部提起，使母鸡头部朝向前下方，泄殖腔朝上，右手在母鸡腹部柔软部位向头背部方向稍施压力，泄殖腔即可翻开露出输卵管开口，然后转向输精人员后者将输精管插入输卵管即可输精。对于笼养母鸡也可以不拉出笼外，输精使助手伸入笼内以食指放于鸡两腿之间握住鸡的两腿基部将尾部、双腿拉开笼门（其他部分仍在笼内）。使鸡的胸部紧贴笼门下缘，左手拇指和食指放在鸡泄殖腔上、下侧，按压泄殖腔，同时右手在鸡腹部稍施压力即可使输精管口翻出，输精者即可输精。

输精：输精人员左手握盛放精液的试管，右手持胶头滴管吸取精液（滴管内高度约 1 cm），之后把滴管插入母鸡外翻的输卵管开口内，挤出精液，拔出滴管后再放松对胶头的压力。鸡一般在下午 2 时后输精，此时母鸡基本都已产过蛋。第一次输精后间隔一天即可收集种蛋。

两次输精的间隔时间以 5～6 d 为宜。输精器插入深度为 2 cm；输精剂量：若未经稀释液，鸡每次为 0.025～0.03 mL，若按有效精子数计算，每次输入量每鸡为 0.7 亿，第一次输精剂量加倍。

生产中一般把一栋鸡舍内的鸡分 4 部分，先每天输一部分，第五天休息，从第六天再依序输精。

输精注意事项：精液采出后应尽快输精，未稀释的精液要在半小时内输完。精液应无污染，并保证每次输入足够的有效精子数。抓取母禽和输精动作要轻缓，插入输精管时不能用力太大以免损伤输卵管。在输入精液的同时要放松对母禽腹部的压力，防止精液回流。在抽出输精滴管之前，不要松开输精滴管的皮头，以免输入的精液被吸回管内，然后轻缓地放回母鸡。每输几只鸡要换一支输精滴管，以防精液污染和疾病传播。遇到患病的母鸡不要输精，及时隔离处理；输精时母鸡排粪则应把粪便擦干净后再输精。

4.精液稀释液的使用

精液稀释是向精液中加入适宜于精子存活的稀释液。其目的有两个：一是扩大精液容量，从而增加母鸡的输精数，提高公鸡的利用率；二是延长精子的保存时间及受精能力，便于精液的运输，使精液得以充分利用。

原精液输精存在的缺陷　原精液保存时间短，即在采精后30 min内必须用完，否则，精子发生凝集现象，造成精子的死亡，受精率下降。原精液密度过高，达到40亿～60亿个/mL，容易出现凝集，同时，精子代谢所释放的有害物质增加，造成精子自体中毒现象，活力下降，导致种蛋受精率下降。采精工作量太大，公鸡的饲养成本高等。

鸡精液稀释后的优点

(1)减少种公鸡饲养数量。原精液输精时，正常公母比例在1∶(20～30)(3%～5%)；使用精液稀释液可以使公母比例达到1∶(50～60)(2%)，极大地减少了公鸡的饲养数量。

(2)提高种蛋受精率。原精液的精子密度在40亿～50亿个/mL，原精液输精时一次输精量如为0.025 mL时，总精子数均在1亿个以上，而输精量达到0.1亿个时，均不影响种蛋的受精率。原精液由于密度过大，如不稀释时精子很快发生凝集现象，导致精子死亡，由于稀释液中有抗凝集物质，稀释后可延长精子存活时间，从而提高受精率。

(3)减少输卵管炎的发生，降低种蛋畸形率。由于原精液中含有大量的细菌和原虫，再加输精时的刺激，容易导致输卵管炎，畸形蛋增加，而稀释液中含有抑菌物质，可以减少输卵管炎的发生。

(4)延长输精时间。原精液在采精后需在30 min内用完，但经过稀释后可延长到4 h，如在0～4℃保存，可延长到60 h以内，且不影响受精率。

(5)节省劳动力。使用稀释液时,减少了一半公鸡的采精工作,节省时间。

成本核算　每万只种鸡如原精液输精,至少需要4%的种公鸡。如将精液稀释后输精,按最低1∶1稀释,可节省一半以上的公鸡,按每只公鸡每年饲养成本150元计算,少养200只公鸡,即每年节省3万元。

5.精液稀释液的组成成分与作用

稀释液是用糖类、奶类、卵黄、化学物质、抗生素及酶类等,将其按一定数量或比例配合制成的,能延长精子在体外的生存时间或在冷冻过程中保护精子免受冻害,提高冷冻后精子活力的精液稀释液(稀释液)。

水　是溶解各种营养物质和保护性物质的溶剂,主要用以扩大精液的容量。必须是蒸馏水或更严格的水,保证不含有盐类、金属类和矿物质等,pH值稳定。

营养物质　常用的营养物质有葡萄糖、蔗糖、果糖、乳糖、奶和卵黄等。主要提供营养以补充精子生存和运动所消耗的能量。

缓冲剂　常用的有柠檬酸钠、酒石酸钾钠、磷酸二氢钾等。精液在保存过程中,随着精子代谢产物,如乳酸和二氧化碳的积累,pH值会逐渐降低,超过一定的限度时,会使精子发生不可逆的变性。因此,为防止精液保存过程中的pH值的降低,需要添加缓冲保护剂。

防冷抗冻物质　在精液的低温和冷冻保存中,必须加入防冷抗冻剂以防止精子冷休克和冻害的发生。常用的抗冻剂有甘油、二甲亚砜、Tris(三羟甲基氨基甲烷),常用的防冷剂有卵黄和奶类。

抗菌物质　主要有青霉素、链霉素等抗生素,主要是抑制细菌生长繁殖,延长精子存活时间。

稀释剂　主要用于扩大精液容量。各种营养物质和保护物质的等渗溶液都具有稀释精液、扩大容量的作用，一般单纯用于扩大精液量的物质多采用等渗氯化钠、葡萄糖、果糖、蔗糖和奶类等。

其他添加剂　常用的有酶类、激素类、维生素类等，具有改善精子活率，提高受精率的作用。

6. 精液稀释液的使用方法及注意事项

将配制好的精液稀释液从 0～4℃保温箱中取出，在 35℃（水浴）升温 30 min 以上；用一次性注射器从稀释液瓶中抽取和精液等量的稀释液，沿集精管侧壁加入到精液中；压住集精管口，颠倒翻转集精管 3～5 次，将精液和稀释液混匀或用输精管吹均匀；稀释后的精液可直接用于输精。

精液稀释应遵循“等温”和“及时”的原则。等温就是把稀释液的温度调节到与精液相同，使用方法严格按照稀释液使用说明；及时就是采精后立即进行稀释。稀释精液的方法是把稀释液沿精液杯壁缓慢加入，然后轻轻振荡混合均匀，防止把精液加入稀释液的错误做法。

输精量按原精液和稀释液以 1∶1 比例稀释后 0.030 mL 输精为宜。首次输精可加倍，并于 48 h 后收集种蛋。

每天采精与输精后，均应认真填写人工授精记录表格。常用器械要及时清洗干净，做到既无污染又无消毒药液残留，并烘干备用。工作人员工作服、手套、帽子和口罩应经常洗涤，保持良好的个人卫生。

（七）强制换羽

强制换羽是我国劳动人民创造的，最早多用于控制种鸭的产蛋期。我国首次大规模采用蛋鸡强制换羽技术是在 1976 年，北京市红星养鸡场对万只以上的鸡群进行了多次试验，取得满意的结果，成为全国推广此项技术的范例。

蛋鸡在经历了一个产蛋阶段后，在夏末或秋季就开始换羽。群内不同的个体换羽开始时间和持续时期也不一样，自然换羽的持续时间可达 14～16 周，此期间部分个体停产，因而群体产蛋率不高，给饲养管理带来较多麻烦。强制换羽可使鸡群在 7 周左右的时间内完成羽毛脱换过程。换羽后鸡群产蛋整齐(平均产蛋率比上一产蛋年降低 10%～20%)，蛋品质量较好，鸡群成活率较高，可继续利用 6～9 个月。最常用的强制换羽方法是饥饿法。

1. 强制换羽前的准备

确定强制换羽的时间　商品蛋鸡一般在 350～450 日龄进行强制换羽。

制定强制换羽方案　根据鸡群状况、季节及第一产蛋期鸡群的产蛋性能，制定强制换羽具体方案，以便强制换羽工作顺利进行。非特殊情况(如死亡率高或遇到大的疫情等)不要随便变更计划。

鸡群的选择和淘汰　用于强制换羽的鸡群，应是已经产蛋 9～11 个月的健康鸡群，产蛋率已降至 60%～70%。将群内已开始换羽的个体挑出集中放在舍内某一区位。将病、弱、残及脱肛个体挑出淘汰。

免疫接种　在强制换羽措施实施前 1 周，对鸡群接种新城疫灭活疫苗。

称重　在舍内抽测 50 只左右的鸡体重(被测个体佩戴脚号)，并记录。

准备饲料　强制换羽前要准备钙和恢复期所需的饲料、维生素。

2. 强制换羽的实施

第 1～3 天　停水、停料、采用自然光照。有人认为此期间每只鸡每天喂 10 g 贝壳粒可减少薄、软壳蛋出现，并能够减少换羽过程中的死亡率。若是夏季每天可供水 1 h。

第 4～7 天　停料、每天供水 2 次，每次半小时，采用自然光照。

第 8～12 天　此期间对已标记的鸡只每天称重，若当前体重与断料前体重相比减轻 25%左右时，即可进入恢复期。

恢复期　当鸡群体重比初始期减轻25%左右时，开始进入恢复期。

恢复期的饲料，在初始2周可用青年鸡饲料，另补充复合维生素及微量元素，此后两周使用育产期饲料，之后换用产蛋期饲料。在恢复期第1天的喂料量，按每只鸡每天20 g，此后每天每只鸡递增15 g，直至达到自由采食。喂饲期间应保证饮水的充足供应。

光照时间从恢复喂料时开始逐渐增加，约经6周的时间，恢复为每天16 h，以后保持稳定。一般鸡群在恢复喂料后第3～4周开始产蛋，第6周产蛋率可达50%以上。

(八)防止应激对鸡群的危害

1. 应激的产生及其危害

当鸡体受到外界或体内某种或某些不正常的刺激时，鸡体会产生一系列的反应，此时鸡处于应激状态，简称应激。引起血压变动和血液成分发生变化，某些必需营养素如蛋白与盐类的排出增加，采食与饮水减少，鸡的生长受阻，产蛋下降或停产。当应激时，对鸡体防疫系统起重大作用的一些激素活力降低，因而抗病力较弱，易于感染疾病。由此可见，应激会危害鸡群的健康和生产。引起鸡体产生应激的因素称为应激因子。应激因子愈多、愈强烈，对鸡群的危害愈大。如鸡体内只有很少量寄生虫，鸡的产蛋基本不受影响；如寄生虫很多，导致鸡贫血，再加上鸡舍内温度偏高，鸡体难以耐受，就可能生病或停产。因此，饲养人员必须了解有哪些因素会引起鸡群应激，在管理中如何尽可能减少或防止产生应激，以维护鸡群的健康和保持生产的平稳。

2. 防止应激的途径

(1)创造适宜的生活环境。尽可能设法维持鸡舍内良好的环境。做好夏季防暑降温和冬季防寒保暖工作，尽量保持鸡舍最佳温度；鸡舍相对湿度保持在50%～60%；鸡舍通风良好，舍内空气新鲜；经常清除粪便，防止氨气含量超标；保持舍内安静，防止出现突然声响或噪音过大；保持合适的饲养密度，笼养每只鸡占笼位面积不少于 500 cm^2，产蛋鸡地面散养或网上平养密度以每平方米 6～8 只为宜。

(2)科学饲养，加强管理。根据鸡不同的生长发育阶段，制定科学合理的饲料配方，饲喂全价配合饲料，满足其营养需要，杜绝饲喂发霉变质的饲料；饲养人员固定，饲喂定时定量，饮水供应充足；实行正确的光照制度，产蛋期实行 16 h 光照，光照强度以每平方米 3～5 W 为宜；抓鸡、断喙、防疫、转群等工作要在晚上进行，尽量轻拿轻放。

(3)添加饲喂抗应激添加剂。

维生素　鸡发生应激时可加倍添加饲喂。日粮中添加维生素 C 有助于热应激条件下的鸡维持正常体温。给热应激的鸡按 0.02%～0.04%的比例添加维生素 C，可以使血浆中的钠、蛋白质和皮质醇的浓度恢复正常。维生素 E 有保护细胞膜和防止氧化的作用，高水平的维生素 E 可降低细胞膜的通透性，减少应激时肌肉细胞中肌醇激酶的释放，从而防止过多的钙离子内流而造成对正常细胞代谢的干扰。维生素 E 还可缓解由于高温时肾上腺激素释放而引起的免疫抑制，提高抗病力。

微量元素　应激能造成鸡对某些微量元素相对缺乏或需要量增加，适当补充饲喂锌、碘、铬等元素可减轻应激反应。

电解质　鸡热应激时呼吸加快，呼出大量 CO_2，血液中 HCO_3^- 含量降低，容易发生呼吸性碱中毒。在饮水或饲料中添加 $NaHCO_3$、$KHCO_3$、NaCl、KCl 等电解质，可维持酸碱平衡，缓解热应激。在鸡转群、断喙、接种疫苗前 1～1.5 h，在每千克饲料中加入氯丙嗪 30 mg，可降低鸡群对应激的反应。

中草药　某些天然中草药有抗应激效果，喂镇静药，如钩藤、葛蒲、延胡索酸、枣仁等，能使鸡群避免骚动，保持安静；喂清热泻火、清热燥湿、清热凉血的中草药，如石膏、黄芩、柴胡、荷叶、板蓝根、蒲公英、生地、白头翁等，可缓解热应激；投喂开胃消食的中药，如山楂、麦芽、神曲等，可维持正常食欲，提高机体抵抗力。

其他添加剂　某些饲料添加剂能促进营养物质的消化吸收，增强蛋鸡抗病能力，均有抗应激作用，如杆菌肽锌、阿散酸、酶制剂、黄霉素等。

(4)做好疫病防治。保持鸡舍清洁，定期进行消毒，严格执行免疫程序，防止疾病发生。采用全进全出的饲养方式，蛋鸡饲养结束后要空鸡舍一段时间，经严格消毒后再进新雏。平时不让外界人员、货物进入鸡场，消灭蚊、蝇等昆虫，防止病原传播。适时在饲料中投放驱虫药，预防寄生虫病发生。在鸡群转群、断喙、免疫接种或天气突变等强应激情况下，添加饲喂抗菌药物，防止细菌感染。

(九)克服蛋鸡饲养工艺带来的疾病

近 20 年来，我国蛋鸡业发展迅速，笼养鸡已遍及全国。笼养有很多优点，但笼养也有其不足之处，主要是由于运动不足而降低体质，对疾病的抵抗力减弱。这些病是由于饲养工艺改变而出现的，在平养条件下很少发生。因此，国外有人把笼养条件下出现的病称之为“工艺病”，例如，脂肪肝综合征、笼养疲劳症、啄癖、神经质等。

1.脂肪肝综合征的防治

笼养蛋鸡经常活动量不足，为提高产蛋量，不合理地采用高能量日粮，也是造成此病的因素之一。其特征是肝细胞脂肪浸润，肝中脂肪含量高达 40％～50％(正常肝含脂肪 15％～20％)。摄入能量过多就会沉积脂肪，这些脂肪不能利用，时间长了就导致肝脏机能障碍。肝的颜色呈黄色或浅褐色。肝细胞充满脂肪就压迫血管，造成血管破裂。从肝腹侧面上有许多出血点就可做出判断。得脂肪肝综合征的鸡都表现过肥，体重一般超过正常的 25％～30％，产蛋率下降，贫血，腹泻，突然死亡，死亡率增加。在美国，脂肪肝综合征的死亡率平均为1.7％，气候炎热的地区达4.6％。

预防脂肪肝综合征和普遍过肥的有效方法，是在对每只鸡每天营养物质绝对需要量标准化的前提下实行能量限制，饲料中加胆碱并利用高剂量B族维生素。国外有人认为，采用间歇性光照比连续性光照能刺激鸡的活动，可防止鸡因运动不足造成过肥。

2.笼养鸡产蛋疲劳综合征

病因　真正的原因尚未最后确定，但主要有如下几种发病原因：

(1)粮中钙磷含量不足，缺乏运动。高产蛋鸡的钙代谢率相当高，一个产蛋周期所消耗的碳酸钙相当于蛋鸡体重的2倍，这本身就可引起生理性骨质疏松。如果日粮中钙磷含量不足，加之笼中饲养缺乏运动，可导致严重的骨质疏松。用低钙、低磷、低维生素D日粮可实验性复制本病。

(2)钙、磷比例失调。磷供给量过少，钙消耗过多，与本病的发生有密切的关系。有人用低磷合适钙(3.0％)、合适磷(0.70％)和合适钙(3.0％)、合适磷(0.70％)与低钙(2％)饲喂产蛋母鸡，3个月后，低磷组母鸡发生的软腿病较多，其余两组未见明显异常。

(3)维生素D_3缺乏或代谢障碍。维生素D_3供给不足，或维生素D体内代谢障碍，亦可促使本病发生。维生素D不仅有利于钙的吸收，而且有利于钙矿物质在骨骼中沉着。但肝机能不全，肾出现尿酸盐沉着，或因传染性支气管炎引起肾炎、肾病综合征时，或因脂代谢障碍时，干扰了维生素D的吸收和代谢，也影响了钙的吸收和利用，可诱发本病。

(4)开产早而换料迟。鸡群内部分个体开产早，而此时喂饲的仍然是青年鸡饲料，其中的钙含量很低，蛋壳形成过程中大量动用骨钙而造成钙缺乏。

临床症状　病鸡表现腿肌无力，站立困难，常伴有脱水、体重下降的现象。体况越好，生长越快，产蛋越多的鸡，越易发生本病。

病鸡躺卧或蹲伏不起，接近食槽、饮水器很困难。由于骨骼变薄、变脆，肋骨、胸骨变形，肋骨与肋软骨结合部呈串珠状膨大，有的在笼内可能已发生骨折，有的在转换笼舍或捕捉时，发生多发性骨折。这样的鸡从笼内取出放到地面，为其提供水和料，经过1～2 d就能够站立。但是，如果放回笼内，在几天后就可能再次瘫软。

防治　由于病因尚不完全明确，预防措施可适当采用下述方法。母鸡，尤其是产蛋高峰期应供给含3.5%的钙、0.9%的磷和含2%～3%植物油及维生素 D_3 1 000 IU/kg 体重的日粮。小母鸡舍饲、平养期间应供给足够的钙、磷及维生素 D_3，使其骨骼发育坚实。在预产阶段及时补钙能够减少本病的发生。

3. 卵黄性腹膜炎

病因　主要有以下几种发病原因：

(1)日粮结构不合理。高磷、钙磷比例失调以及维生素缺乏使机体的代谢机能障碍，卵黄性腹膜炎的发病率增高。如果产蛋鸡的钙磷矿物质饲料全部用骨粉而无石粉，尽管钙达到了需要，但有效磷却明显增高，钙磷比例失调则易发此病。维生素 B_2 缺乏也易致此病的发生。

(2)应激因素的影响。当成熟的卵黄向输卵管伞落入时，鸡突然受应激因素的刺激而惊吓时，卵黄往往可误落入腹腔中。

(3)患输卵管炎或其他疾病。当输卵管炎或其他疾病导致输卵管机能障碍时，输卵管伞的活跃与静止状态失去平衡。如果排卵时不是活跃状态，则不能获得卵黄而将其排入腹腔。有的是由于输卵管狭部破裂，将无壳的蛋直接排入腹腔所致。

临床症状　本病多呈慢性经过，病初只见正在产蛋的鸡突然不产蛋，但每天都有产蛋行为。以后则有食欲不振，采食量减少，精神委顿，行动迟缓，腹部逐渐变大而下垂，给人以肥胖感，甚至呈企鹅样站立和行走。触诊腹部，有痛感，有时有波动，有时大而硬似面团。

防治 本病一旦发生就应及时淘汰，无治疗意义。根据可能的病因采取相应的防制措施。

4. 啄癖

啄癖是密集条件下普遍出现的现象。雏鸡在脱绒毛时出现啄羽、啄趾，青年鸡和成年鸡啄尾羽、背羽，产蛋鸡啄肛、啄蛋等，这些行为都是啄癖，所有的鸡都会遭受互啄，最严重的是轻型的来航品种发生较多。据统计，因互啄造成的死亡和被迫淘汰的鸡，严重的可占鸡群的20%。

啄癖也称异食癖，是多种营养物质缺乏及其代谢障碍所致非常复杂的味觉异常综合征，各日龄、品种鸡均能发病，鸡群一旦发生互啄以后，即使激发因素消失，往往也将持续这种恶癖，致鸡伤、残、死，造成不小的经济损失。

防制措施

(1)及时移走互啄倾向较强的鸡只，单独饲养，隔离被啄鸡只，在被啄的部位涂擦龙胆紫，黄连素和氯霉素等苦味强烈的消炎药物，一方面消炎，一方面使鸡知苦而退。

(2)断喙尽管不能完全防止啄癖，但能减少发生率及减轻损伤。7～10日龄断喙效果较好，开产前再断喙一次。

(3)光照不可过强。光照时间严格按饲养管理规程给予，光照过强，鸡啄癖增多。育雏期光照控制不当，产蛋期易发生啄癖，造成无法弥补的损失。

(4)降低密度，为鸡只提供足够的空间，可减少啄癖发生的机会。

(5)加强通风换气，最大限度地降低舍内有害气体含量。

(6)严格控制温度湿度，避免环境不适而引起的拥挤堆叠，烦躁不安、啄癖增强。

(7)提供完全营养的平衡日粮，注意玉米含量不要超过65%，无动物性蛋白配方应特别注意氨基酸的平衡，避免饲料单一，会收到良好效果。

(8)在日粮中添加0.2%的蛋氨酸，能减少啄癖的发生。每只鸡每天补充0.5～3 g生石膏粉，啄羽癖会很快消失。缺盐引起的啄癖，可在日粮中添加1.5%～2%食盐，连续3～4 d，但不能长期饲喂，以免引起食盐中毒。

(9)已形成啄癖的鸡群，可将舍内光线调暗或采用红色光照，也可将块茎类和青菜等放在舍内任其啄食，以分散其注意力。

(10)补喂砂砾，提高消化率。可从河砂中选出坚硬、不易破碎的砂石，雏鸡用小米粒大小，成鸡用玉米粒大小，按日粮0.5%～1%掺入。

5.神经质(惊恐症)

笼养的蛋鸡有发生神经质倾向。这种鸡的神经有高度的兴奋性，当遇到某一因素刺激时，鸡群中突然出现惊恐，整个鸡舍内鸡群骚乱，在笼内拼命挣扎、扑打翅膀，尖叫声此起彼伏，结果有些鸡翅膀折断，有些内脏出血，有些早产无壳蛋，有些甚至造成死亡。惊群的结果，往往使产蛋率降低。

神经质的现象多出现在产蛋高峰期。网上平养和地面平养鸡较少见。

病因　引起神经质的原因有噪音突发，闪动的光照，断水断料，密度过大，饲养员穿陌生的衣着，鸟类掠过或飞机飞过，饲料中镁含量过多等。

有惊恐症的鸡神经质，易出现间歇性的“炸群”现象。母鸡高伸头颈，眼睛睁圆，显出高度紧张状态，稍有动静就惊叫乱飞，波及全鸡舍，甚至有时无明显的刺激因子也出现惊群现象。母鸡除发生死伤以外，往往产蛋率下降，出现软壳蛋，破蛋率明显提高。惊恐症造成的恶果不可小视。因此，要保持安静的环境，避免出现异常音响、突然的闪光、陌生人或着艳装在鸡群中出现，防止鼠猫和鸟类进入鸡舍骚扰。

褐壳蛋鸡性情温顺，一般无多大的神经质现象。经常发生炸群的鸡，每吨饲料加入 200 g 烟酸，能缓解炸群的现象发生。

6. 鸡产蛋下降综合征

本病是由 A 型腺病毒引起的以产蛋下降、蛋壳异常、无壳蛋增多为特征的蛋鸡传染病，主要发生于 24～30 周龄的高产蛋鸡。发病鸡群一般无特殊的临床症状，只表现产蛋量突然下降。3～8 周可恢复正常；产蛋率下降 10%～30%，同时伴有大量软皮蛋、褪色蛋、薄壳蛋等；解剖无特征性病变，偶见输卵管水肿、苍白、肥厚。

防治措施　紧急注射产蛋下降综合征油乳苗；用清瘟败毒散拌料，配合多维饮水，连用 3～5 d 为一个疗程。

7. 过早换羽

集约化笼养的鸡，在相对稳定的环境中生活，抗应激能力较差。打乱光照制度、气温突变、产蛋期间免疫、断水断料、日粮中含钙量过高、甲状腺机能亢进等，都可能引起鸡群发生过早换羽现象。过早换羽往往使鸡群的产蛋率降低至 30%～40%。为此，在开产前必须提前做好免疫工作，开产后免疫就会影响产蛋和引起换羽。有人给鸡接种鸡痘，由于免疫后强烈应激反应，出现绝大多数母鸡停产并纷纷换羽；1992 年秋天某鸡场在开产后给母鸡接种油乳剂甘保罗疫苗和减蛋综合征疫苗，由于疫苗的应激反应，出现换羽的现象，结果达 50% 产蛋率的日龄比往年推迟 1 个多月；1982 年，有人饲养星杂 444 父母代，11 月份突然寒流袭击，鸡舍无保温措施，当寒流过后，鸡群产蛋率由 80% 猛降到 50% 左右，而且有半数的鸡出现了停产换羽的现象。必须在开产前完成免疫接种，开产后力求保持稳定的饲养环境，尽量减少对鸡群的应激影响。

由此可见，饲养者如能注意与生物学有关的现象，想方设法防止在高密度条件下出现上述疾病，就能顺利地提高鸡群的生活力，延长产蛋利用期，充分挖掘产蛋性能的遗传潜力。

(十)产蛋量突然下降的原因

鸡群产蛋有一定的规律性，开产后经几周很快到达产蛋高峰，产蛋高峰持续一段时间后，开始缓慢下降，这种缓慢下降的趋势一直到产蛋期结束。如鸡种好，饲养管理正常，未遇到什么意外，鸡群的产蛋会相当地平稳。但有时鸡群产蛋量也会突然下降，这就需要及时全面检查生产情况，尽早发现问题，采取措施。一般产蛋量突然下降有以下一些原因：

1.同天休产的鸡偶然增多

母鸡产蛋的连续天数不同，有的连产天数多，有的少，不管连产天数长短，连产天数结束后紧接着有 1 d 休产日（或 1 d 以上），休产日也叫歇窝。如休产的鸡在某一天偶然增多，有 5%～10% 的母鸡同时歇窝，在产蛋处于平稳的情况下，就会出现产蛋量突然下降的现象。这不是由于外界条件造成的，也不是鸡群健康状况有什么变化，而是同天休产的鸡因巧合一时增多，形成产蛋下降的假象，所以在这种情况下，鸡群没有什么异常现象，产蛋很快就会恢复。这种产蛋率下降，不会造成鸡群不能恢复到原有的水平。

2.环境方面的因素

光照制度突然发生变化　如突然停止光照；光照时间缩短；光照强度减弱；光照时间不规律，忽长忽短，忽早忽晚，忽照忽停等。

通风严重不足　机械通风的鸡舍在炎热气候长期停电；冬季为了保温长时间未进行通风等。

天气闷热　连续几天天气闷热，形成持续的高温高湿环境。

灾害性天气的袭击　未提前做好准备或预防，如突然遭到热浪或寒流的袭击。

3.饲养方面的原因

连续几天喂料不足。由于管道堵塞、水槽漏水或检修不当造成供水发生故障，饲粮中的主饲料比例发生较大的变动，饲料搅拌非常不匀，新换鱼粉含盐量高，将熟豆饼换成生豆饼，饲粮中未加盐，饲粮中钙的含量过高或缺乏等。

4. 管理方面的原因

鸡群突然受惊，如异常的声响，突然晃动的光影，动物在鸡群中跑窜或捉鸡等；饲养人员或作业程序上发生变动；接种或投药对鸡群造成较大的惊扰与引起的副作用等；感染了急性传染病如鸡新城疫、传染性支气管炎和传染性喉气管炎等疾病方面的原因。

四、放养鸡的饲养管理要点

我国有大片的山区林地和平原林地、果园、荒滩等，利用林地进行高产蛋鸡的放养，在补充全价饲料的同时，鸡可以自由采食脱落的树叶、落果、小虫及虫卵、土壤中的有机盐或无机盐，这样可以增加鸡蛋的口味和蛋黄颜色，生产绿色禽蛋产品。无论是地方良种鸡还是蛋鸡配套系都可以进行放养。

(一)鸡群放养的合适场地

由于我国地域广阔、各地自然和气候条件差别大，鸡群放牧场地千差万别。以中原地区为例，作为鸡群放养的合适场地主要有：果园、林地、滩地、浅山地、山沟等。

用于鸡群放养的场地要与周围有相对较好的隔离条件，能够防止鸡群跑出饲养范围而导致鸡只的丢失。一般的果园有围墙，能够满足这种要求，但是在林地、滩地、浅山地这样的场所一般需要使用尼龙网将鸡群活动范围围起来，网的高度不低于 2 m。

在鸡群放牧场地内或附近要有良好的水源以满足鸡群饮用，附近有照明电力线路以便于夜间照明、取水、饲料加工等。

在山区或滩区放养鸡群还必须考虑在雨季鸡群和设备的安全问题，鸡舍应该建造在地势相对较高的位置。

(二)放养鸡群的房舍及设备要求

1. 房舍要求

无论在什么样的场地放养鸡群都必须有合适的房舍，作为夜间鸡群休息、不良天气鸡群避风躲雨的场所。

放养鸡群鸡舍的建造形式因所饲养鸡群的类型、放养场地而有区别。例如，在果园、林地这样的场所放养鸡群都有长期性，建造鸡舍就应该考虑使用有窗鸡舍类型；而在滩区或浅山地放养鸡群都有明显的季节性，鸡舍建造时主要考虑使用临时性的棚舍。

房舍的大小应该考虑放养鸡群的规模，由于放养鸡群都是采用地面散养，舍内的密度不适宜大。通常按照每平方米舍内地面饲养 5～7 只鸡进行规划。

房舍建造的一般要求可以参照普通鸡舍，坐北朝南以利于通风采光，房舍高度（屋檐）在 2 m 左右，舍内地面比舍外高 35 cm 左右，朝向放养场地一侧每 3 间房设一个门。

2. 设备要求

放养鸡群所需要的设备比较简单，在舍内需要配置的设备有料桶，饮水器，加热、照明和通风设备，鸡群夜间休息用的栖架。舍内地面一般铺设垫草。

在放养场地需要配置的设备主要是饮水器。此外，作为放养管理的有一些标记性材料如彩色布条等，管理信号用品如哨子等。

（三）鸡群放养的合适日龄

在鸡舍设备条件良好的情况下，雏鸡可以在放养场地内的鸡舍中饲养，而采用临时性棚舍的情况下需要在雏鸡能够适应外界环境条件后才能转入棚舍。

在早春季节，由于外界气温比较低、天气变化比较快，雏鸡到舍外放养的日龄应该在 21 d 以后；在仲春以后，外界气温比较高，15 d 以后的雏鸡就可以到外面放养。一些养殖户通常在 1 月份开始饲养雏鸡，在鸡舍内将鸡饲养至 15 周龄前后，到 3 月底或 4 月初野生饲料资源比较丰富的时候把鸡群转到放养场地。

(四)放养鸡群的补饲与饮水

1. 补饲要求

由于放养鸡群主要在放养场地内觅食野生的天然饲料，在不同季节应该根据野生饲料的类型和特点进行适当的补饲。补饲一般在鸡舍内进行。

在早春季节，野生的饲料资源比较贫乏，鸡群在放养场地内可以觅食的食物很少，难以满足其生长发育或产蛋需要，必须注意在早晚注意补饲全价配合饲料。在仲春至初秋期间，放牧场地中的青绿饲料和昆虫资源相对比较丰富，白天鸡群在野外觅食基本能够满足其营养需要，傍晚时适当补饲就可以。秋季是植物结实季节，鸡群放养期间主要以草籽为主要饲料，需要注意矿物质饲料的补充。

在放养场地内分散放置若干个陶瓷盆，盆内盛放掺有少量食盐、微量元素的贝壳粉，供鸡群在需要的时候自己采食。

2. 饮水管理

在有天然水源的场地内放养鸡群，鸡群自己会寻找到水源饮用。但是，在缺乏天然水源的场地内放牧则必须人为地为鸡群提供饮水。使用容量为 10 L 的球形饮水器，按照每 70 只鸡一个，分散放置在放养场地内比较显眼的地方。饮水器相距不宜超过 50 m，以免影响鸡群的正常饮水。管理人员每天上午应该在放养场地内巡视，观察饮水器内水的量是否充足，水量少的要及时更换加水。

(五)放养鸡群的卫生防疫

1. 常规的卫生防疫措施

放养场地与其他养殖场要有 500 m 以上的距离，在放养场地内尽量避免无关人员和车辆的进入，以减少病原体进入放养场地内的机会。对于鸡舍内和周围要定期进行消毒处理，以有效杀灭鸡群活动比较频繁的场地内的病原体。鸡舍内的粪便要每3～4天清理一次，清出的粪便要在放养场地的某个角落固定堆放，每次清理后的粪便堆积起来，外面用草泥糊严进行发酵处理。粪堆周围要采取围护措施，不让鸡群靠近粪堆。

2.疫苗的接种与药物使用

放养的鸡群在疫苗接种方面的要求与舍饲的鸡群相同，可以参考舍饲鸡群的免疫程序接种疫苗。由于白天鸡群都在野外觅食，疫苗的接种需要在晚上进行。如果是采用饮水免疫方式，可以考虑在早晨将混有疫苗的水放在鸡舍附近供其饮用，具体要求按照一般资料的介绍即可。

放养过程中鸡群感染寄生虫病的几率比较大，需要定期在饲料中添加药物进行驱虫处理。药物需要按照每只鸡的用量计算，混入饲料后在早晚补饲时让鸡采食。

(六)鸡群放养与自然环境生态保护

采用放养方式饲养蛋鸡或肉鸡主要是让其采食一定量的天然野生饲料，但是任何放养场地内可利用的野生饲料资源都是有限的，这就要求在一定范围内放养鸡的数量要合适。放养鸡的数量过多，超过放牧地的承载能力不仅鸡吃不饱，还会对放牧地的生态平衡造成破坏。例如，在某地有人利用荒坡按照每亩200只的饲养密度放养土鸡，结果坡上的野草很快就被鸡吃干净了，不仅需要较多地使用配合饲料补饲，也影响了荒坡上植被的生长。一般情况下，每亩放牧地放养蛋鸡的数量为50～100只。

对于放养场地的生态环境保护，不仅需要控制鸡群的放养密度，适量补充配合饲料，还可在合适的季节人工播撒一些牧草种子和种植树木，促进植被的恢复。

(七)放养鸡群的日常管理

1.注意天气变化

自然界气候变化无常，鸡群在野外放养受外界气候的影响很大。尤其是在出现雷雨大风、冰雹或温度突然下降的天气中对鸡群所造成的不良影响更大。因此，在鸡群放养过程中管理人员需要经常注意天气预报和随时观察天气变化，一旦有不适宜的天气现象出现就不放鸡群或提早收群。

2. 补充光照

放养鸡群在白天野外觅食期间可以利用自然光照，但是，无论对于蛋鸡和肉鸡来说，自然光照都满足不了其需要。放养蛋鸡应该在早晚进行补光。

在高温季节，在鸡舍前面安装若干个灯泡，既可以引诱昆虫供鸡群采食，也能够让鸡群在舍外乘凉。

3. 防止野生动物的侵害

放养鸡群由于生活在比较偏僻的地方，野生动物的危害是重要问题之一。除管理人员夜间在鸡舍旁边的住室内值班外，有效的防止方法一是饲养狗，二是饲养几只鹅，它们的警觉性都比较高，有外来动物或人的靠近，它们就会发出警示信号。

鸡舍外的灯泡通宵照明，也能够减少其他动物的靠近。

4. 果园养鸡的问题

在果园内养鸡除上述需要注意的问题外，还必须注意防止鸡啄食水果，尤其是在放养蛋鸡的情况下。放养鸡群的果园一般应该是在果树树龄在 4 年以上的果园，树龄小则由于鸡在树上踩踏会影响其生长。

有些情况下应该考虑在果子采收后再放养，例如在桃园、李子园、樱桃园等春熟水果园内放养鸡群时，可以在果子采摘前 10 d 将 20 日龄左右的小鸡放养于园内，待到小鸡能够飞到树上前果子已经收完。

果园需要定期使用农药防治病虫害，在果园内放养鸡群时要巧妙安排使用农药的方法和鸡群管理，防止鸡中毒。用药时要注意选用低毒农药，在用药期间，将鸡群停止放养 3～5 d，也可对果园进行分区、分片用药，鸡群采用分区轮牧的方法，等农药毒性过后再放养鸡。

5. 观察鸡群

每天在放鸡出舍和傍晚鸡群回舍的时候要注意观察鸡群的精神状态，对于精神不振、羽毛松乱或行为异常的个体要高度重视，及时隔离检查和治疗。

白天应该在放养场地周围巡视，观察有无个别精神状态不好的鸡只躲在偏僻的角落，因为鸡发病后常常离开大群独处。

死亡的鸡只要及时诊断，为大群的防疫提供依据，并要消毒后深埋，防止病原扩散。

6. 蛋的收集

鸡有回窝产蛋的习惯，鸡舍内要设置产蛋窝为鸡提供产蛋场所。为了防止部分鸡随地产蛋，需要在放养场地内设置若干个产蛋棚窝，窝内铺垫干燥柔软的垫草，引诱母鸡到窝内产蛋，既能够保证蛋壳的干净，又可以减少蛋的丢失。

（八）做好放养鸡产品的宣传工作

目前放养的鸡肉及鸡蛋产品已经受到消费者的认可，其销售价格比较高，但国内养殖场（户）较多且杂。有些地方以次充好，使得消费者对产品的真实可靠性产生怀疑。

消费者在对产品的内在质量无法确认的情况下，许多消费者购买产品时会十分看重产品的外包装。因为通过外包装能够看到鸡蛋的生产单位（包括商标）、生产条件、生产日期、产品质量、保存时间等内容，在一定程度上会有一种信任感。因此，养殖场（户）要有商标意识和质量观念，注意对自己产品包装和合适的宣传，通过各种媒体宣传，让更多的消费者通过图像等资料对放养情况有具体了解，同时合理设计产品包装，既要吸引消费者的眼球又要显示产品的特色，提高产品的知名度，提高产品的经济效益。

五、鸡的人工孵化技术

(一)种蛋的选择

种蛋应来源于健康、高产、饲养管理良好的种鸡群。种蛋的品质要好，受精率、孵化率高，无经蛋垂直传播的疾病。种蛋表面干净清洁，蛋重适中(过大蛋孵化率低，过小蛋初生雏亦过小)，蛋形椭圆，壳厚适度(0.27～0.37 mm)，蛋壳质地致密均匀，壳色符合本品种特征。裂纹蛋、腰箍蛋、钢皮蛋、沙壳蛋、畸形蛋、气室不正蛋、血斑蛋、肉斑蛋、陈蛋、散黄蛋、脏蛋等都不应作种蛋。

(二)种蛋的贮存

种蛋愈新鲜，孵化率愈高。一般以产后3～5 d为宜。贮存超过4 d，每放一天，孵化率下降4%，孵化时间延长30 min。

鸡胚发育的临界温度为23.9℃，保存种蛋的环境温度超过此温度鸡胚即开始发育，最终导致鸡胚中途死亡。相反，若保存种蛋的温度过低，胚胎则易冻死。种蛋保存的适宜温度为12～18℃，保存时间不超过1周，采用上限温度，若保存时间较长则用下限温度。种蛋保存要求的湿度较高，一般为75%～80%。蛋库要求通风良好、卫生干净，隔热性能好，能防蚊蝇老鼠，能防阳光直晒或穿堂风。大型现代化孵化厂应设有专用的蛋库，并备有空调机，可自动制冷和加湿，以保持种蛋贮存库的温、湿度适宜。种蛋贮存7 d内，可不翻蛋，若保存时间超过1周，则每天翻蛋1～2次。

(三)种蛋的消毒

蛋产出后，往往被粪便、垫料、环境所污染，随着存放时间的延长，其污染程度加重。据测定，刚产出的蛋，其表面的细菌很少，经1 h后就可繁殖增加几十倍(表3-15)。若不及时杀灭，蛋壳表面的细菌就会通过气孔侵入蛋内，作用于蛋的内容物，降低种蛋的孵化率和雏禽质量。所以种蛋产出后应当尽快进行消毒，杀灭其表面附着的微生物。

表 3-15　种蛋产出后在舍内的时间与蛋壳表面细菌数量的关系

种蛋产出后时间	刚产出	15 min	60 min
细菌数量/个	100～300	500～600	4 000～5 000

种蛋的消毒常用方法有以下几种：

1. 甲醛熏蒸消毒法

甲醛(通称“福尔马林”,用 40%的水溶液)熏蒸消毒法消毒效果好,操作简便。在禽舍内或其他合适的地方设置一个箱体,箱的前面用塑料布,可以方便地开启和封闭,距地面 30 cm 处架设钢筋或木棍,其下面放置消毒盆、上面放置蛋盘。按照 1 m^3 空间用甲醛溶液 28 mL、高锰酸钾 14 g,根据消毒容积称好高锰酸钾放入陶瓷或玻璃容器内(其容积比所用甲醛溶液大至少 4 倍),再将所需甲醛量好后一同倒入容器内,密闭 30 min 后排出余气。此方法适用于各次消毒,浓度见表 3-16。

表 3-16　高锰酸钾、甲醛熏蒸消毒浓度

对象	种蛋	孵化室	出雏室	入孵器	出雏器	出雏器内雏鸡	雏鸡存放室、洗涤室、垫料、车辆
浓度	2X	1～2X	3X	3X	3X	1X	3X
时间/min	20～30	30	30	60	30	3	30

注：1X=(14 mL 甲醛+7 g 高锰酸钾)/m^3,室温 24℃,相对湿度 75%

采用该方法要注意几点：一是消毒的空间密闭要好,要求消毒的环境温度 24～27℃,相对湿度 75%～80%。二是熏蒸消毒只能对外表清洁的种蛋有效,因此对种蛋中的脏蛋应挑出后,用湿布擦洗干净,若脏蛋较多,可用 0.1%的新洁尔灭溶液浸泡 5 min 后洗去脏物。三是甲醛气体具有刺激性,在操作使用时应注意防护,特别是把甲醛倒入盛有高锰酸钾的容器时,动作要快,倒入后迅速离开,以防人员吸入甲醛气体。四是盛药物的容器容积要足够大,

以免反应时药物外溅，浪费药物，同时影响消毒效果。

在实际操作时如果种蛋数量少，还可以在蛋盘架上罩以塑料薄膜进行熏蒸消毒，这样可缩小体积，减少用药量。

注意事项：种蛋在孵化器里消毒时，应避开 24～96 h 胚龄的胚蛋（敏感）；甲醛与 $KMnO_4$ 的化学反应很剧烈，又具有很强的腐蚀性。所以要用容积较大的陶瓷盆，先加少量温水（起稀释作用），再加 $KMnO_4$，最后加甲醛。注意不要伤及皮肤和眼睛；种蛋从蛋库移出运到消毒室时，由于消毒室温度高，水蒸气在蛋壳上凝有水珠（俗称“冒汗”），应让水珠蒸发后再消毒，否则对胚胎不利；甲醛溶液挥发性很强，要随用随取，如果发现甲醛与 $KMnO_4$ 混合后，只冒气泡产生少量烟雾，说明甲醛失效了。

2. 新洁尔灭药液浸泡或喷洒法

孵化量少的种蛋消毒可用这种方法。取浓度为 5% 的新洁尔灭原液一份，加 50 倍 40℃温水配制成 0.1% 的新洁尔灭溶液，把种蛋放入该溶液中浸泡 5 min，捞出沥干入孵。如果种蛋数量多，每消毒 30 min 后再添加适量的药液，以保证消毒效果，也可用喷雾器把药液喷洒在种蛋的表面。

3. 碘液浸泡消毒法

将种蛋浸入 1∶1 000 的碘溶液中（10 g 碘片＋15 g 碘化钾＋1 000 mL水，溶解后倒入 9 000 mL 清水）0.5～1 min。浸泡 10 次后溶液浓度下降，可延长消毒时间至 1.5 min 或更换新碘液。溶液温度 43～50℃。洗蛋容易破坏蛋壳的胶护膜，加快蛋内水分蒸发，细菌也容易进入蛋内。所以仅用于入孵前的消毒。

采用浸泡消毒法应注意 3 点：一是消毒液的温度应略高于蛋的温度，一般要求水温在 40℃，这一点在夏季尤为重要。如果消毒液的温度低于蛋温，种蛋由于受冻而使内容物收缩，使蛋形成负压，这样反而会使少量蛋表面的微生物通过气孔进入蛋内，影响孵化效果。二是注意药物配伍。在使用新洁尔灭时，不要与肥皂、高锰酸钾、碱等并用，以免药液失效。三是种蛋在保存前不能用药液浸泡法消毒。浸泡消毒方法能破坏胶护膜，加快蛋内水分蒸发，细菌也容易进入蛋内，故任何浸泡和喷雾消毒仅用于入孵前的消毒。

4. 紫外线照射消毒法

入孵前，将蛋盘先置于紫外线灯下照射 1～2 min，蛋距灯 20 cm；然后再把灯置于蛋盘下方向上照射，把蛋的背面再照射 1～2 min。这种方法照射不到的部位没有消毒效果，因此，紫外线照射消毒的效果不如上述几种方法。

（四）码盘、入孵

将种蛋大头向上放置在孵化盘上称为码盘。一般整批孵化，每周入孵两批；分批孵化时，3～5 d 入孵一批。整批孵化时，将装有种蛋的孵化盘插入孵化蛋架车推入孵化器内；分批入孵，装新蛋与老蛋的孵化盘应交错放置，注意保持孵化架重量的平衡。为防不同批次种蛋混淆，应在孵化盘上贴上标签。

（五）孵化温度

家禽胚胎母体外的发育，主要依靠外界条件，即温度、湿度、通风、翻蛋、凉蛋等。由于各种禽蛋的特点不同、品种不一，所需的孵化条件也不完全相同。因此，必须根据不同家禽种类的胚胎发育特点给以最适宜的孵化条件，才能使胚胎正常发育，并获得良好的孵化效果。

1. 恒温孵化

恒温孵化就是孵化器内的孵化温度保持恒定不变，但出雏器内的温度应略降低。这是一种适宜于种蛋来源少，需要进行分批入孵（即在一个孵化器内有多个日龄的胚蛋）所采用的施温方法。恒温孵化的节能效果明显，还可节省劳力和面积。

2. 变温孵化

变温孵化也称降温孵化，即在孵化期，随胚龄的增加逐渐降低孵化温度，可为胚胎提供更为洁净的孵化生态环境，减少交叉污染，便于彻底清扫和消毒，也能降低生产成本及管理费用等，适于种蛋来源充裕，孵化生产旺季时整批入孵所采用的施温方法。变温孵化施温方案见表 3-17。

表 3-17　鸡的孵化温度　℃

室温	入孵温度				出雏温度
	恒温(分批)	变温(整批)			
	1～17 d	1～5 d	6～12 d	13～17 d	18～21 d
18.3	38.3	39.0	38.3	37.8	37～37.3
23.0	38	38.6	38	37.5	
29.0	37.8	38.3	37.8	37.3	
32～35	37.3	37.8	37.3	36.7	

入孵第一批时，先参照表 3-17 的给温方案定温。然后根据看胎施温技术，调整孵化温度(约每隔 3 d 抽检 20 枚胚蛋，检查胚胎发育情况，调整孵化温度)。经过 1～2 批试孵，确定适合本机型的孵化温度。

变温孵化温度控制的总体原则是“前高、中平、后低”，这主要是由于孵化的前期、中期、后期蛋内胚胎产生的温度逐渐增加，为了防止蛋内温度过高而设定的。

(六)孵化湿度

孵化机湿度要求 50%～55%，出雏机则以 65%～70%为宜。湿度的调节，是通过放置水盘多少、控制水温和水位高低或确定湿球温度来实现的。湿度偏低时，可增加水盘，提高水温和降低水位；湿度过高时，应除去供水设备，加强通风，切忌地面喷水。孵化室内环境湿度对孵化器、出雏器湿度有一定影响，要求孵化室、出雏室相对湿度为 60%～70%。

(七)孵化中的通风换气

空气中氧气含量为 21%，二氧化碳含量为 0.4%时孵化率最高。要求氧气含量不低于20%,否则,每减少1%,孵化率下降5%;二氧化碳含量超过0.5%,孵化率开始下降。

孵化初期,可关闭进、排气孔,随胚龄增加,逐渐打开,至孵化后期进、排气孔全部打开,尽量增加通风换气量。孵化过程中要注意观察通风过度或通风量不足两种情况。在孵化期间特别是在孵化前期,若加热指示灯长时间发亮,说明孵化器内温度达不到所需的孵化温度,通风换气过度。若恒温指示灯常亮不灭或者发现上一批种蛋胚胎发育正常但在出雏期间闷死于壳内或啄壳后死亡,证明通风量不足,应加大通风换气量。

(八)翻蛋

翻蛋既可防止胚胎与蛋壳粘连,还能促进胚胎的活动,保持胎位正常,以及使蛋受热均匀,发育整齐、良好。每1～2 h翻蛋一次。翻蛋的角度应与垂直线成45°角位置,然后反向转至对侧的同一位置。

孵化后期、落盘之后,不需要再翻蛋。因胚胎全身已覆盖绒毛,不翻蛋不致影响胚胎与蛋壳粘连。

(九)凉蛋

凉蛋是指种蛋孵化到一定时间,让胚蛋温度下降的一种孵化操作。因胚胎发育到中后期,物质代谢产生大量热能,需要及时凉蛋。

凉蛋的方法依孵化机类型、禽蛋种类、孵化制度、胚龄、季节而定。鸡蛋在封门前采用不开机门、关闭电热、风扇转动的方法;在封门后采用打开机门、关闭电热、风扇转动甚至抽出孵化盘喷洒冷水等措施。每天凉蛋的次数,每次凉蛋时间的长短根据外界温度(孵化季节)与胚龄而定,一般每天凉蛋1～3次,每次凉蛋15～30 min,以蛋温不低于30～32℃为限,将凉过的蛋放于眼皮下稍感微凉即可。

(十)落盘

鸡胚发育至第19天,把胚蛋从孵化器的孵化盘移到出雏器的出雏盘的过程叫落盘(或移盘)。孵化鸡蛋的落盘时间一般在第19天。具体落盘时间应当在鸡胚中有1%开始出现“打嘴”时进行。落盘前应提高室温,动作要轻、快、稳。落盘方法有两种:一种是将胚蛋从孵化盘捡到出雏网盘内,把蛋横放,不要重叠;另一种是扣盘(把出雏盘扣在孵化盘上,同时向一个方向反转,就把一孵化盘的胚蛋扣入出雏盘内)。落盘后最上层的出雏盘要加盖网罩,以防雏鸡出壳后窜出。

(十一)出雏与记录

胚胎发育正常的情况下,落盘时就有破壳的,孵化的第20天就陆续开始出雏,第20.5天出雏进入高峰,第21天出雏全部结束。在成批出雏后,一般每隔4 h拣雏一次。拣雏时要轻、快,尽量避免碰破胚蛋。

每次孵化应将入孵日期、品种、种蛋数量与来源、照蛋情况记录表内,出雏后,统计出雏数、健雏数、死胎蛋数,并计算种蛋的孵化率、健雏率。

(十二)雏鸡的雌雄鉴别

初生雏鸡雌雄鉴别的经济意义:第一,可以节省饲料,商品蛋鸡场仅饲养母雏,饲养公雏价值不大;第二,节省鸡舍、劳动力和各种饲养费用;第三,可以提高母雏的成活率和整齐度。公母分开饲养有利于母雏的生长发育,避免公雏发育快、抢食而影响母雏发育。

1.翻肛鉴别

鸡的退化交尾器由生殖突起和八字状襞构成。在泄殖腔开口部下端的中央有微粒状的突起为生殖突起,其两侧斜向内方呈八字状的皱襞为八字状襞,生殖突起与八字状襞总称为生殖隆起(图3-6)。在雏鸡孵化的初期公母皆有生殖突起,一般母雏在胚胎发育中期开始退化，孵出前即消失，少数母雏鸡的生殖突起在孵化后仍然残留下来，但在组织形态上与公雏的突起仍有差别。因此，根据生殖突起的有无以及组织形态上的差异可分辨雌雄。

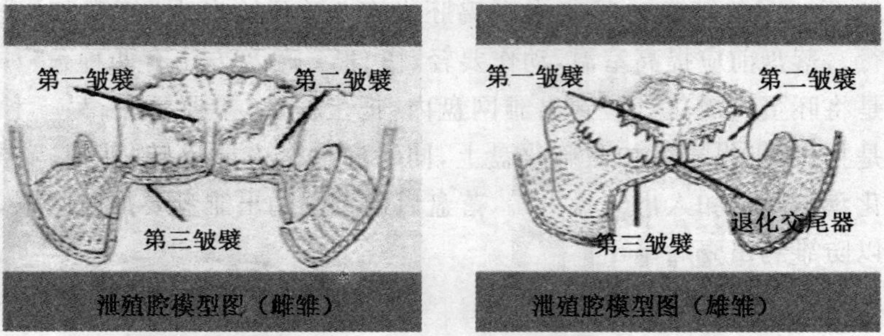

图 3-6 雌性和雄性泄殖腔模型图

（引自 http://etc.lyae.edu.cn/,2006）

翻肛鉴别分抓雏、握雏，排粪、翻肛，鉴别、放雏 3 个步骤。

抓雏、握雏　分夹握法和团握法。夹握法是右手抓雏后移至左手，雏背贴掌心，泄殖腔向上，将雏颈轻夹于中指与无名指之间，双翅夹在食指与中指之间，无名指与小指弯曲，将两脚夹在掌面（图 3-7）。团握法是左手抓雏，雏背贴掌心，泄殖腔朝上，将雏团握在手中，雏的颈部和两脚任其自然（图 3-8）。

排粪、翻肛　在翻肛前须排胎粪。其手法是左手拇指轻压雏鸡腹部左侧髋骨下缘，借助雏呼吸将粪便挤入排粪缸中（图 3-9）。翻肛手法是左手拇指从前述排粪的位置移至泄殖腔左侧，食指弯曲贴雏鸡背侧，与此同时右手食指放在泄殖腔右侧，拇指侧放在雏鸡脐带部处。右手拇指沿直线往上顶推，右手食指往下拉并向泄殖腔靠拢，左手拇指也往里收拢，三指在泄殖腔处形成小三角区，三指凑拢一挤，泄殖腔即翻开（图 3-10）。

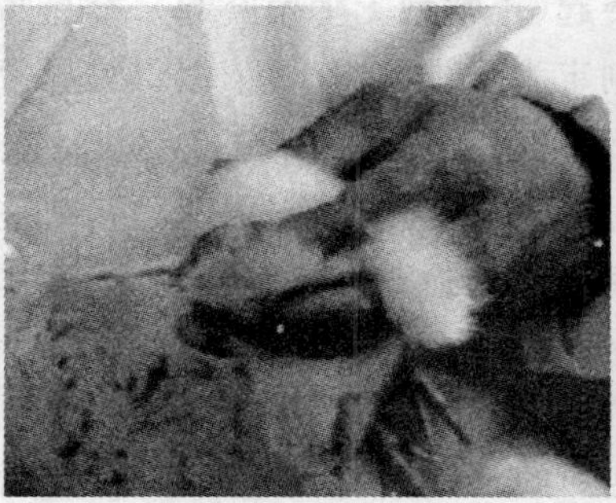

图 3-7　夹握法

图 3-8　团握法

(引自 http://etc.lyae.edu.cn/,2006)

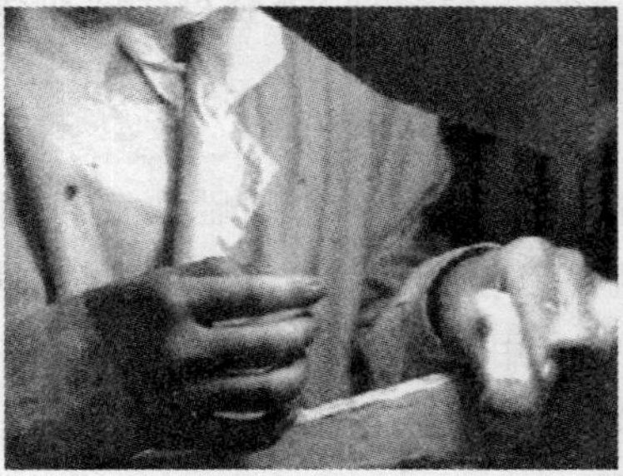

图 3-9　排粪手法

图 3-10　翻肛手法

(引自 http://etc.lyae.edu.cn/,2006)

鉴别、放雏　根据生殖突起的有无和生殖隆起形态差别,便可判断雌雄。如果难以分辨,也可用左手拇指或右手食指触摸,观察生殖隆起充血和弹性程度分辨公母。

翻肛鉴别法的准确率很大程度取决于翻肛操作的熟练程度,正确掌握翻肛手法,准确鉴别雌雄生殖突起的组织形态差异,不要人为造成隆起变形,所谓"七分手势,三分鉴别"。因为翻肛是一项技巧,只有使肛门开张完全,生殖突起全部露出,才能准确识别。肛门翻开后,识别时的困难主要在于母雏有少数(来航型鸡大约有

20%)个体有残留的异常型生殖突起(正常型无生殖突起),容易与公雏的生殖突起混淆,误将母雏判定为公雏,这就要依据母雏异常型生殖突起与公雏生殖突起在组织形态上的差异来正确区分。公雏的生殖突起充实,饱满,有光泽,富于弹性,用指头轻轻压迫,或左右伸张时不易变形,血管发达,受刺激易充血;母雏的生殖突起不饱满,有萎缩感,表面软而表现透明,缺乏弹力,易变形,不易充血。

翻肛鉴别雌雄必须在强光照射下进行,一般用 60 W 带有反光罩的乳白灯泡的光线照射。鉴别的最适时间是在雏鸡出壳后 4～12 h。在此时间内,雌雄雏鸡生殖隆起的形态差异最显著,且雏鸡也好抓握、翻肛。

翻肛法鉴别雌雄准确率达 96%以上,技术熟练者每小时可鉴别 1 000～1 200 只。

2.快慢羽雌雄鉴别

伴性遗传鉴别法 应用伴性遗传规律,培养自别雌雄品系,通过专门品种或品系之间的杂交,就可以根据初生雏的某些伴性性状准确地辨别雌雄。目前在生产中应用的伴性性状有:慢羽对快羽、横斑(芦花)对非横斑(非芦花)、银色羽对金色羽。绝大部分白壳蛋鸡商品代都可以羽色自别雌雄。

决定初生雏鸡翼羽生长快慢的慢羽基因 K 和快羽基因 k 位于性染色体上,而且慢羽基因 K 对快羽基因 k 为显性,属于伴性遗传性状。用快羽公鸡和慢羽母鸡杂交,所产生的子代公雏全部为慢羽,而母雏全部为快羽。快慢羽的区分主要由初生雏鸡翅膀上的主翼羽和覆主翼羽的长短来确定。

主翼羽明显长于覆主翼羽的雏鸡为快羽,自别雌雄时为母雏(图 3-11)。

慢羽在羽速自别雌雄时为公雏,慢羽的类型比较多,有时容易出错,需要引起注意。慢羽主要有 4 种类型:主翼羽短于覆主翼羽(图 3-12)、主翼羽等长于覆主翼羽、主翼羽未长出以及主翼羽等长于覆主翼羽，但是前端有一两根稍长于覆主翼羽，第四种类型最容易出错。

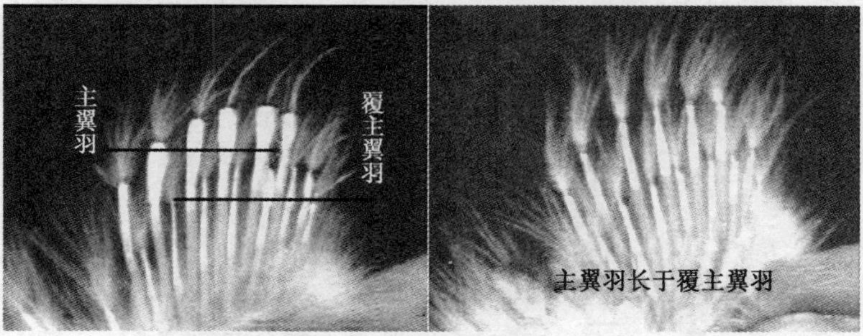

图 3-11　快羽

（引自 http://etc.lyae.edu.cn/，2006）

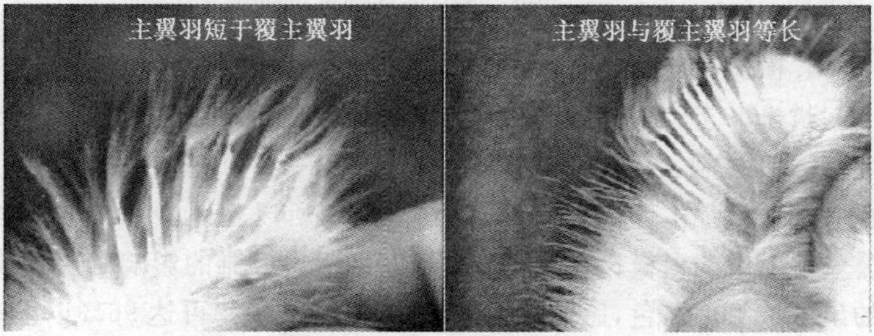

图 3-12　慢羽

（引自 http://etc.lyae.edu.cn/，2006）

3.金银羽自别雌雄

金银羽自别雌雄由于银色羽基因 S 和金色羽基因 s 是位于性染色体的同一基因位点的等位基因，银色羽 S 对金色羽 s 为显性，所以用金色羽公鸡和银色羽母鸡交配时，其子一代的公雏均为银色，母雏为金色（图 3-13）。鉴别率就可以达到 99%以上。绝大部分褐壳蛋鸡商品代都可以羽色自别雌雄。注意：用银色羽公鸡和金色羽母鸡交配，后代不能自别雌雄。

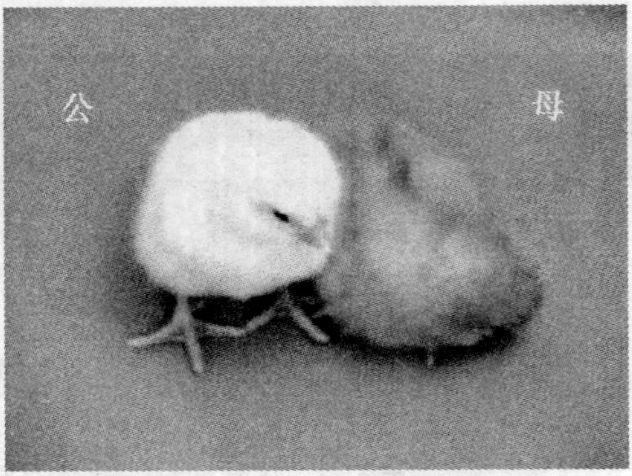

图 3-13 公雏银色母雏金色

（引自 http://etc.lyae.edu.cn/，2006）

4. 横斑（芦花）自别雌雄

横斑洛克（芦花鸡）羽色自别　横斑洛克羽色由性染色体上显性基因 B 控制，公鸡两条性染色体上各有一个 B 基因，比母鸡只在一条性染色体上有一个 B 基因影响大，所以基因型纯合的横斑公鸡羽毛中的白横斑比母鸡宽。B 基因对出生雏的影响是芦花鸡的出生绒毛为黑色，区分初生雏鸡的雌雄，准确率可达 96%以上。

非横斑对横斑　用非横斑公鸡（白来航等显性白羽鸡除外）与横斑母鸡交配，其子一代呈交叉遗传，即公雏全部是横斑羽色，母雏全部是非横斑羽色。例如用洛岛红公鸡和横斑母鸡交配，则子一代公雏皆为横斑羽毛（黑色绒毛，头顶上有不规则的白色斑点），母雏全身黑色绒毛或背部有条斑。

（十三）清扫消毒

出雏完毕，抽出出雏盘、水盘，捡出蛋壳，彻底打扫出雏器内的绒毛、污物和碎蛋壳，再用蘸有消毒水的抹布或拖把对出雏器底板、四壁清洗消毒。出雏盘、水盘洗净、消毒、晒干，干湿球温度计的湿球纱布及湿度计的水槽要彻底清洗，纱布最好更换。全部打扫、清洗彻底后，再把出雏用具全部放入出雏器内，熏蒸消毒备用。

本章重点提示：新旧鸡舍育雏效果差异巨大

案例描述 2007年11月2日河南省驻马店市西平县二郎乡焦店桥北头毛庄蛋种鸡场新进一批养殖罗曼褐父母蛋鸡苗，分别养于新旧两栋鸡舍，每栋鸡舍有3 500只鸡，发现新鸡舍鸡群体重发育明显快于旧鸡舍鸡群，经测定，16日龄时新鸡舍鸡群平均体重比旧鸡舍鸡群平均体重高39 g。

原因分析 由于是同一批鸡苗，饲料、免疫程序、饲喂程序、加温方式等均相同，分析应该是鸡舍的原因，通过多方面考查最后确定是在鸡舍湿度出了问题。经过连续几天的测定发现，旧鸡舍湿度较低，在40%～50%；新鸡舍湿度在60%～70%。由于旧鸡舍湿度过低，导致鸡群脱水，发育速度降低。

处理结果 由于这一批鸡低的湿度已经造成了不可挽回的损失，只能增加营养供给，采取加湿措施。一段时间后回访，育雏后期鸡群生产速度得到了改善，并逐渐恢复到标准体重范围。

体会 在育雏中，很多养殖户比较重视温度的控制，而对湿度考虑较少，特别是第一周的湿度对于雏鸡的发育是非常重要的，所以生产中对育雏室的湿度要足够重视。

第四章　蛋鸡营养供给适宜化

本章知识新亮点:混合饲料的质量感官鉴定

配合饲料质量的感官鉴定具有方便、快捷、实用的特点,虽然不能衡量饲料营养成分水平,但是已经成为不同规模饲料企业和养殖企业选购原料的重要依据和必备手段,即使不具备实验室检测条件的小型养殖场(户)也能用此法对所购进原料的品质做出鉴定,避免由于饲料质量差给养殖场(户)带来经济损失。

一、能量饲料

能量饲料指干物质中粗纤维<18%、粗蛋白含量<20%的饲料,包括谷物籽实类饲料、谷物籽实类加工副产品、富含淀粉及糖类的根、茎、瓜类饲料、液态的糖蜜、乳清和油脂。

1. 玉米

玉米是最常用的饲料原料,主要成分是淀粉,含 7%~9%的粗蛋白质,选用时注意玉米粒要完整,杂质少,含水量不超过 14%,不能发霉。我国玉米主要分布在东北、华北、西北、华东、西南等地,其中以山东和吉林产量最高。

玉米的营养特性

可利用能值高:原因与粗脂肪(3%~4%)、无氮浸出物(72%)含量高、粗纤维含量(仅 2%)低有关。

蛋白质含量低:含量 7%~9%,50%蛋白质为醇溶蛋白,与谷蛋白相比,必需氨基酸少,缺乏赖氨酸和色氨酸,蛋白质品质差。但蛋氨酸含量相对较高。

脂肪含量较高：为3%～4%，其中85%的脂肪存在于胚芽中，脂肪酸中亚油酸59%，油酸27%，硬脂酸2%，亚麻酸0.8%，花生油酸0.2%。玉米中亚油酸含量约占2%，在所有谷物中含量最高。当玉米占日粮50%以上时，完全可以满足畜禽对亚油酸的需要。

碳水化合物：无氮浸出物含量高达72%，其中主要是淀粉，消化率高。

矿物质：含钙0.02%，磷0.25%，其中50%～60%为植酸磷。微量元素中铁、铜、锰、锌、硒含量均较低。

维生素和色素：黄玉米中含有丰富的维生素A原和维生素E，但缺乏维生素D和维生素K。在水溶性维生素中，维生素B_1居多，但维生素B_2和维生素B_5较少。黄玉米胚乳中含有3种色素：β-胡萝卜素、叶黄素、玉米黄质，叶黄素和玉米黄质则与蛋鸡的蛋黄颜色、肉鸡肤色和腿色着色有关。

2. 高油玉米

与普通玉米含油量3%～4%相比，含油量达到7%的玉米即为高油玉米。目前我国高油玉米含油量在8%以上，最高的达到21%。

高油玉米的特点：胚芽大，含油量高，故有效能值高；消化率和动物进食量高；活秆成熟，即子粒成熟后，秸秆仍然鲜绿，是理想的青贮饲料原料；用高油玉米子粒饲喂猪、鸡和用子粒与秸秆饲喂奶牛肉牛，不仅生产性能提高，而且畜产品品质改善。

3. 高赖氨酸玉米

高赖氨酸玉米包括Opaque-2和Floury-2玉米，其中后者蛋氨酸含量也高。高赖氨酸玉米子粒赖氨酸含量在0.5%以上，而普通玉米为0.23%～0.3%，有效地克服了普通玉米赖氨酸不足的缺点。

4. 高粱

高粱是主要粮食作物之一，饲料用高粱主要产地有远东、非洲、北美、南美，其中印度、美国、阿根廷、苏丹、墨西哥种植面积最大。我国主要产地是东北、山东和河北等地。高粱与玉米有很高的替代性。

高粱的营养特性：蛋白质含量9%～11%，略高于玉米，同样品质不佳，缺乏赖氨酸和色氨酸，蛋白质消化率低，原因是高粱醇溶蛋白质的分子间交联较多，而且蛋白质与淀粉间存在很强的结合键，致使酶难以进入分解；脂肪含量3%，略低于玉米，脂肪酸中饱和脂肪酸也略高，所以，脂肪熔点也略高些。亚油酸含量也较玉米稍低；淀粉含量与玉米相当，但高粱淀粉颗粒受蛋白质覆盖程度高，故淀粉的消化率低于玉米，有效能值相当于玉米的90%～95%；矿物质中钙、磷含量与玉米相当，磷40%～70%为植酸磷。维生素中B_1、维生素B_6含量与玉米相同，泛酸、烟酸、生物素含量多于玉米，但烟酸和生物素的利用率低；含有丹宁，丹宁具有强烈的苦涩味，影响适口性；丹宁能与蛋白质和消化酶结合，影响蛋白质和氨基酸的利用率。给雏鸡饲喂丹宁，会引起关节肿胀，产生类似其他养分缺乏的胫骨短粗症。使用高丹宁高粱时，可通过添加蛋氨酸、赖氨酸、胆碱等来克服丹宁的不利影响。

5. 大麦

大麦广泛种植于欧洲北部、北美和亚洲的西部。全世界产量仅次于小麦、稻谷和玉米，而居于第四位，其中50%作为饲料，30%用于酿酒。

大麦的营养特性：蛋白质含量11%，略高于玉米，氨基酸中除亮氨酸和蛋氨酸外，均较玉米多，但利用率低于玉米。虽然大麦赖氨酸消化率低于玉米，但由于大麦赖氨酸含量接近玉米的2倍，其可消化赖氨酸总量仍高于玉米；脂肪含量2%，为玉米的一半，但饱和脂肪酸含量较高，因此大麦是育肥肉牛和肥育猪获得白色胴体所需的良好能量饲料；大麦粗纤维含量高，为玉米的2倍左右，因而有效能值较低；淀粉和糖类含量较玉米少；大麦矿物质中钾和磷含量丰富，其中磷的63%为植酸磷，鸡利用率为31%。其次还含有镁、钙及少量铁、铜、锰、锌等。大麦富含B族维生素，包括维生素B_1、维生素B_2和泛酸。虽然烟酸含量也较高，但利用率只有10%。脂溶性维生素A、维生素D、维生素K含量较低，少量的维生素E存在于大麦胚芽中；大麦中含有其他谷物饲料所没有的b-1，3-葡聚糖，导致单胃动物粪便黏稠，排粪量增加，消化率下降。

6. 小麦

小麦是人类最重要的粮食作物之一，全世界1/3以上的人口以它为主食。小麦一般不直接作为饲料，但在某些地区或某些时候，如小麦的价格低于玉米，也拿小麦作为动物饲料。

小麦的营养特性：小麦的有效能值略低于玉米，这与其脂肪含量较低有关；小麦淀粉易消化，但含有阿拉伯糖基木聚糖；小麦的粗蛋白质含量明显高于玉米，各种氨基酸组成均好于玉米，但苏氨酸含量低；小麦矿物质组成依然是钙少磷多，铜、锰、锌的含量高于玉米；小麦含有较多的B族维生素和维生素E，但维生素A、维生素D、维生素C、维生素K含量很少。生物素的利用率比玉米高粱均低。

7. 小麦麸和次粉

小麦麸和次粉均是面粉厂用小麦加工面粉时得到的副产品。小麦麸俗称麸皮，由种皮、糊粉层、部分胚芽及少量胚乳组成；次粉由糊粉层、胚乳和少量细麸皮组成。小麦加工过程可得到23%～25%小麦麸，3%～5%次粉和0.7%～1%胚芽。小麦麸和次粉数量大，是我国畜禽常用的饲料原料。

小麦麸的营养特性：蛋白质含量高，与玉米和小麦子粒相比，小麦麸和次粉的氨基酸组成较平衡，其中赖氨酸、色氨酸和苏氨酸含量均较高；粗纤维含量高，故有效能值较低，可用来调节饲料的养分浓度；脂肪含量4%左右，其中不饱和脂肪酸含量高，易氧化酸败；B族维生素及维生素E含量高，但维生素A、维生素D含量少；矿物质含量丰富，但钙(Ca 0.13%)磷(P 1.18%)比例极不平衡，钙∶磷比为1∶8以上，磷多属植酸磷，约占75%，但含植酸酶；小麦麸的质地疏松，含有适量的硫酸盐类，有轻泻作用，可防止便秘。

8. 糠

稻谷的加工副产品称为稻糠，稻糠可分为砻糠、米糠和统糠。米糠的营养价值受大米精制加工程度的影响，精制程度越高，则米糠中混入的胚乳就越多，其营养价值也就越高。

米糠的营养特性：蛋白质含量高，氨基酸平衡情况较好，其中赖氨酸、色氨酸和苏氨酸含量高于玉米，但与动物需要相比仍然偏低；粗纤维含量不高，故有效能值较高；脂肪含量12%以上，其中主要是不饱和脂肪酸，易氧化酸败；B族维生素及维生素E含量高，且含有肌醇，但维生素A、维生素D、维生素C含量少；矿物质含量丰富，钙少(0.08%)磷多(1.6%)，磷主要是植酸磷，利用率不高。此外，米中锰、钾、镁、硅含量较高。

二、蛋白质饲料

蛋白质饲料是指干物质中粗纤维含量在18%以下，粗蛋白质含量等于或高于20%的饲料，包括植物性和动物性蛋白质饲料。植物性蛋白质饲料包括豆类及其加工副产品，常用的有大豆、黑豆及其饼(粕)、棉仁饼(粕)、花生仁饼(粕)、葵花子饼、芝麻饼等；动物性蛋白质饲料包括海产品、畜产品加工的下脚料及人工养殖的低等动物，常用的有鱼粉、鱼渣、肉粉、肉骨粉、羽毛粉、血粉、蚕蛹、单细胞藻类等。

1. 全脂大豆

全脂大豆通常以人类食用为主，只有在生产过剩而价格低廉时才考虑用作饲料。蛋白质含量高，鲜样中粗蛋白质含量达到37%，蛋白质品质好，主要表现为赖氨酸含量较高，唯一缺点是蛋氨酸等含硫氨基酸含量低；脂肪含量高，粗脂肪含量16%～18%，但不饱和脂肪酸多，其中脂肪酸中亚油酸含量高达55%，另外还含有1.8%～3.2%的磷脂类，具有乳化作用；碳水化合物含量较高，达到26%，淀粉在大豆中含量少，仅为0.4%～0.9%；矿物质与维生素含量与谷实类相类似，钙少磷多，其中磷约有60%属植酸磷，钙的含量高于谷实类。维生素B_1和维生素B_2的含量略高于谷实类。

2.大豆饼(粕)

大豆饼(粕)是目前使用最多、最广泛的植物性蛋白质饲料。粗蛋白质含量为42%～46%，赖氨酸2.7%～3.0%(粕高于饼)。它的主要特点是蛋白质的营养价值高，氨基酸组成平衡，消化率高，适口性好，品质稳定，不易变质。一般用量占日粮的10%～30%。

使用大豆饼(粕)应注意大豆饼(粕)的质量。因为大豆中含有抗胰蛋白酶、尿素酶等多种有害因子，影响蛋白质的利用率和适口性，必须经过适当的加热处理使其中的酶灭活。但加热过度易导致大豆粕中的赖氨酸、胱氨酸、蛋氨酸及其他必需氨基酸发生变性而失去利用价值。因此购买豆饼时应了解清楚或抽样自测是否经过热处理。简易的方法是：取10份粉碎的豆饼，加入1份尿素和5份水，于瓶内混合均匀并将瓶盖旋紧密封，在20℃下静置20 min后打开瓶盖，如果瓶口嗅不到氨气味就表明豆饼已经过热处理、可以直接利用，若嗅到氨气味则证明豆饼未经过热处理，必须补加热处理后方可使用。

3.棉籽(仁)饼(粕)

棉籽(仁)饼(粕)中含有对畜禽有毒的游离棉酚等物质，作为饲料利用受到限制，有的大量用作肥料。用完全脱壳的棉仁加工得到的油粕为棉仁粕，而不脱壳所加工而得的饼叫棉籽饼。

棉仁(粕)粗蛋白质含量高，可达41%以上，但棉籽饼只有22%左右。棉仁饼(粕)的氨基酸组成特点是赖氨酸不足，精氨酸过高。赖氨酸∶精氨酸比达到100∶270以上。棉仁粕中碳水化合物以糖类(戊聚糖)为主,粗纤维含量为12%左右,其代谢能水平较高。棉籽饼粕属于缺乏维生素的饲料,不含胡萝卜素,维生素D的含量极微,含有少量硫胺素、核黄素、烟酸、泛酸、胆碱。钙少磷多,磷多属植酸磷(达71%),利用率低。含硒少,远远低于菜籽饼(粕)。不易受霉菌、细菌污染,很少变质。

4.菜籽饼(粕)

菜籽饼(粕)是油菜籽榨油后得到的副产品,是一种较好的蛋白质饲料。由于含有硫葡萄糖甙等有毒物质,使得菜籽饼粕的应用受到了很大的限制,大多用作肥料,用于饲料的还不足30%,开发利用潜力很大。

菜籽饼粗蛋白含量约36%,氨基酸的组成特点是蛋氨酸含量较高,在各种饼粕类饲料中仅次于芝麻饼(粕)。菜籽饼(粕)的碳水化合物多为不易消化的淀粉,而且含有8%的戊聚糖,雏鸡无法利用。菜籽饼(粕)中胡萝卜素和维生素D的含量少,水溶性维生素硫胺素、核黄素、泛酸的含量也较低,但烟酸和胆碱的含量高,是其他饼粕类饲料的2~3倍。菜籽饼(粕)的钙、磷含量高,但所含磷有65%属于植酸磷,利用率低。菜籽饼(粕)含硒量高,是大豆饼(粕)的10倍。

5.花生仁饼

花生带壳榨油后得到的产品为花生饼,脱壳榨油得到的产品为花生仁饼粕。美国规定,凡粗纤维含量不超过7%者,均为脱壳的花生仁饼粕。

花生仁饼粗蛋白质含量高,粗蛋白质含量约44%,浸提粕约47%。蛋白质中虽然质量较高的球蛋白和白蛋白含量较高,但氨基酸组成情况不佳。粗纤维水平较低,无氮浸出物中大多为淀粉、糖和戊聚糖等,这使得花生仁饼(粕)的代谢能水平成为所有饼粕类饲料中的最高者。花生仁饼(粕)中胡萝卜素、维生素D和维生素C含量均低,但B族维生素含量丰富,特别是烟酸含量高。矿物质中钙、磷含量少，磷多为植酸磷，其他微量元素含量与大豆饼（粕）相近。

6. 鱼粉

鱼粉有普通鱼粉、全鱼粉、粗鱼粉之分。普通鱼粉是以全鱼为原料，经过蒸煮、压榨、干燥、粉碎加工之后的粉物。如果将制造鱼粉时产生的汁液浓缩加工成鱼汁，再添加到普通鱼粉中去，经干燥粉碎，所得的鱼粉为全鱼粉。以鱼下脚料（鱼头、尾、鳍、内脏等）为原料制得的鱼粉称为粗鱼粉。鱼粉质量：全鱼粉＞普通鱼粉＞粗鱼粉。

粗蛋白质含量高，进口鱼粉在60%～72%，国产鱼粉稍低，一般为45%～60%，富含各种必需氨基酸，所以蛋白质品质好，生物学价值高。鱼粉中不含纤维素等难于消化的物质，粗脂肪含量高，所以鱼粉的有效能值高，生产中以鱼粉为原料很容易配成高能量饲料。鱼粉富含B族维生素，尤以维生素 B_{12}、维生素 B_2 含量高。

鱼粉是良好的矿物质来源，钙、磷的含量很高，且比例适宜，所有磷都是可利用磷。鱼粉中含有促生长的未知因子，这种物质还没有提纯成化合物，还不能定名，但可以肯定，这种物质可刺激动物生长发育。

使用鱼粉时应注意：

掺杂掺假问题　由于鱼粉价格较贵，鱼粉掺杂问题严重。掺杂物种类繁多，如尿素、糠麸、饼粕、血粉、羽毛渣、锯末、花生壳、砂砾等，在购货时必须进行检测。

食盐含量问题　鱼粉中的食盐含量不能过高。日本对出口鱼粉定为含盐量3%以下，美国规定3%～7%。我国鱼粉生产工艺较落后，缺乏鲜鱼脱水和保存设施，常用食盐盐渍办法保存，致使食盐含量过高，有的甚至高达30%，这类鱼粉不能用作饲料。日粮中食盐过高，会导致食盐中毒，鸡最敏感。因此，在使用高盐鱼粉时，要先测盐分含量，再确定鱼粉的添加量。

发霉变质问题　鱼粉是微生物繁殖的良好底物，在高温高湿条件下，极易发霉、沙门氏菌和大肠杆菌感染，甚至出现自燃现象。因此，鱼粉的充分干燥是防止发霉变质的关键。

氧化酸败问题　脂肪含量多的鱼粉以及鱼粉贮存不当时，其中所含的不饱和脂肪酸极易氧化生成醛、酸、酮等物质，使鱼粉变质发臭，适口性和品质显著降低。因此，鱼粉中的脂肪含量不宜过多，此外，为防止鱼粉氧化酸败，贮存时应存放于干燥避光处。

7. 肉粉与肉骨粉

肉骨粉是屠宰场、肉品加工厂的下脚料中除去可食部分后的残骨、皮屑、内脏、碎肉等原料经熬油、干燥、粉碎而制成的产品。此外，非传染病死亡的动物躯体、油脂厂提取油脂后的动物胴体残渣以及动物脏器制药后的肝渣、肠渣等，也可用来加工肉骨粉。由于原料的不同，成品可为肉粉或肉骨粉。我国规定肉粉中含骨量超过10%，即为肉骨粉。美国将含磷量在4.4%以下者称为肉粉，在4.4%以上者则称为肉骨粉。

粗蛋白质含量随原料的不同差异较大，平均为45%～50%，某些含骨量高的肉骨粉只有35%左右。肉粉和肉骨粉的能量主要来自蛋白质和脂肪，而这两种成分的含量与品质受原料种类和加工工艺影响大，故能量含量变异大。脂溶性维生素A和维生素D因加工过程的大量破坏，含量较低，但B族维生素含量丰富，特别是维生素B_{12}含量高，其他如烟酸、胆碱含量也较高。肉骨粉是良好的钙、磷来源，不仅含量高，且比例适宜，磷全部为可利用磷。此外，微量元素锰、铁、锌的含量也较高。

8. 血粉

血粉是动物屠宰后的废弃血液经脱水加工而成的动物性蛋白质饲料。血粉脱水干燥方法分为喷雾干燥、蒸煮干燥和瞬间干燥3种。通常瞬间干燥和喷雾干燥血粉品质较好，而蒸煮干燥血粉品质较差。我国的血粉资源很丰富，每年屠宰的动物就有10亿多头，一般每头屠宰动物可产血粉，猪0.4～0.5 kg，牛0.8～1 kg，羊0.2～0.3 kg，以此为系数测算，我国血粉资源最少在20万t以上。除一部分加工成血粉和少量用于工业外，大部分屠宰血液就地排放，既浪费了资源，又造成环境污染。

血粉的粗蛋白质含量很高，可达80%～90%，高于鱼粉和肉粉，氨基酸中赖氨酸含量很高，达到7%～8%，比常用鱼粉含量还高。血粉的有效能值随加工工艺的不同有一定差别，普通干燥血粉消化率低，而低温、喷雾干燥血粉的消化率较高。与其他动物性蛋白质饲料不同，血粉缺乏维生素，如核黄素含量仅为1.5 mg/kg。矿物质中钙、磷含量很低，但含有多种微量元素，如铁、铜、锌等，其中含铁量过高，这常常是限制血粉利用的主要因素。

三、矿物质饲料

1. 石粉

石粉俗称钙粉，为白色粉末，由优质天然石灰石粉碎而成，或将石灰石高温煅烧成氧化钙（CaO，生石灰），用水将之调成石灰乳，再与二氧化碳作用，制成沉淀碳酸钙制品，此产品细而轻，为优质碳酸钙。其含碳酸钙在95%以上，钙含量因成矿条件不同介于34%与38%之间。

2. 蛋壳粉、贝壳粉

蛋壳粉由蛋品加工厂或大型孵化场收集的蛋壳经加热灭菌、干燥、粉碎而成。贝壳粉包括蚌壳、牡蛎壳、蛤蜊壳、螺蛳壳以及其他各种贝壳等，为灰色或灰白色粉末，是很好的碳酸钙源，其主要成分是碳酸钙。

3. 骨粉

骨粉由各种动物骨骼经高压蒸煮、脱脂、脱胶、干燥、粉碎而得。

4.磷酸钙

一般按其钙、磷的含量与比例可分为:磷酸一钙、磷酸二钙或磷酸三钙。其中,磷酸三钙含钙量高,含磷低,主要用于同时补加钙、磷。从生物学效价讲,磷酸一钙和磷酸二钙中磷、钙的生物学效价较磷酸三钙高。一般都要作脱氟处理。

5.食盐

不仅能为蛋鸡提供钠和氯元素,而且能调味、促进食欲和增加采食量。食盐有海盐和矿盐之分,但氯化钠含量均应在95%以上。商品食盐含钠38%,氯58%。另有少量的镁、碘等元素。专门生产的饲用盐有加碘和加微量元素的产品。

6.砂砾

不是饲料,但有助于肌胃中饲料的研磨,日粮中添加量为0.5%~1%,粒度以绿豆大小为宜。

四、饲料添加剂

饲料添加剂主要是由化学工业生产的饲料,包括营养性与非营养性添加剂。营养性添加剂以补充一般饲料中含量不足的营养素,使所配合的饲料营养价值更加完善。非营养性添加剂是一种辅助词料,添加后可提高饲料的利用率,防止疾病的感染,增强抵抗力;杀灭或控制寄生虫,提高成活率;改善畜禽产品的品质,防止饲料发霉变质,保护维生素的效价;提高适口性,增强食欲等。添加剂的用量甚微,应重视混合技术,在加入前,应先用适量的辅料预先混合均匀后,逐步加入配合饲料中,再充分混合均匀。否则易降低效果或发生中毒。常用的辅料有石粉(用于微量元素)和玉米粉(用于维生素等)。

1.微量元素添加剂

微量元素添加剂主要有硫酸亚铁、硫酸铜、硫酸锰、硫酸锌、碘化钾、亚硒酸钠、氯化钴等。目前市售的产品,大多是生产厂家按鸡对微量元素的营养需要配制而成的复合微量元素。市场也有少量含硒的单体微量元素产品出售，使用时注意如在购置的预混料或浓缩料中已含有硒，就不必重复使用，以免发生硒中毒。

2.复合维生素添加剂

其中含有维生素A、维生素D、维生素E、维生素K、维生素B_1、维生素B_3、烟酸、泛酸、生物素、叶酸、维生素B_{12}等。根据鸡的营养需要，由多种维生素、稀释剂、抗氧化剂按比例、次序和一定的生产工艺混合而成的饲料预混剂，复合维生素一般不含有维生素C和胆碱（维生素C呈现较强的酸性，胆碱呈现较强的碱性，它们会影响其他维生素的稳定性，而且胆碱吸湿性比较强），所以在配制蛋鸡配合饲料时，一般还要在饲料中另外加入氯化胆碱。如鸡群健康状况不良、转群、运输及其他应激时，需要在饲料中加入维生素C，应另外加入。一些复合维生素中可能加入了维生素C，但对处于高度应激环境中的蛋鸡来说，其含量是不能满足需要的。

使用过程中复合维生素在配合料中的添加量应比产品说明书推荐的添加量略高一些。一般在冬季和春秋两季，商品复合多维的添加量为每吨200 g，夏季可提高至300 g，种鸡产蛋期为400 g。虽然添加剂中的维生素多数都经过包被处理，对不良环境具有一定的耐受性。但是，如果受到阳光照射、与空气接触、吸收水分同样会加快其分解过程，因此在保存期间要注意密封、置于阴凉干燥处。

3.氨基酸添加剂

为弥补饲料中某些限制性氨基酸的不足，提高蛋白质的生物学价值，减少饲料浪费，根据需要，须在饲料中加入某些限制性氨基酸。现常见的有蛋氨酸、赖氨酸、色氨酸等。

4.抗生素类添加剂

抗生素类添加剂有促生长，提高饲料转化率和保健作用。群饲条件下，可防治病原微生物疾病，如鸡慢性呼吸道病、鸡白痢、腹泻及多种原因引起的肠炎和其他肠道疾病，由球虫、蠕虫和各种线虫等寄生虫引起的疾病。使用抗生素时应注意以下几个问题：

正确选择抗生素的种类并确定添加量。应充分了解抗生素的功能和适应征，根据蛋鸡种类、生长阶段和生产目的，选择安全、有效的抗生素，并确定安全有效的添加量。当以治疗为目的时，要一次性投足量。当以防治为目的时，科学添加到饲料中。以改善生产性能和提高饲料利用效率为目的时，要用量适当，尽可能不用或慎用人畜共用抗生素，以免产生交叉耐药性。

交替使用抗生素。在使用某种抗生素一段时期后，可交替使用另外一种抗生素，但不可在短时间内反复交替使用若干种抗生素。这样，可防止蛋鸡体内微生物产生耐药性，有利于抗生素功效的发挥。

间隔使用。为避免耐药性的产生和禽产品内抗生素的残留，特别是高剂量添加时，可以间隔使用两种或几种抗生素，不要频繁换药。

严格控制添加剂量。特别是对雏鸡和上市前的禽和产品，应严防投给超出规定剂量或添加超量抗生素，有些则应停用。

定时使用，并遵循屠宰前严格执行停药的规定。为降低抗生素残留，切勿滥用抗生素。否则，降效、抗药性增强，还发生抗生素蓄积和残留，危害人们健康。

联合使用抗生素时应注意配伍禁忌。

通过配伍削弱或解除某些抗生素的免疫抑制作用。

5. 驱虫保健剂

驱虫保健剂主要用于驱除鸡体内的球虫和蛔虫。驱球虫药有呋喃唑酮、球痢灵、球安、加福、盐霉素等，驱蛔虫药有阿维菌素、依维菌素、左旋咪唑等。

6. 抗氧化剂

乙氧喹（山道喹）、二丁基羟基甲苯、丁羟基茴香醚、维生素 E、维生素 C、五倍子酸盐、五倍子酸酯等因价格较高而未在生产中应用。

7.防霉剂

防霉剂产品较多，常用的主要是丙酸和丙酸钙，此外还有苯甲酸、山梨酸、醋酸、硝酸、亚硝酸、二氧化硫及亚硫酸的盐类。

丙酸为具腐蚀性透明液体，易溶于水，对霉菌有较好的抑制效果，有刺激性臭味。其在饲料中的添加量与饲料中的含水量及贮存时间有关，含水量高则添加量亦高，一般添加量为 0.3%。丙酸盐包括丙酸钠和丙酸钙，两者均为白色无味粉末，易溶于水，丙酸钠防霉效果优于丙酸钙，但缺点是易吸水、结块。饲料中的添加量为丙酸钠 0.1%、丙酸钙 0.2%。

8.增色剂

为满足市场对蛋黄颜色的要求，常需在饲料中添加增色剂，以加深蛋黄的颜色。常用着色剂有合成的类胡萝卜素和发酵产生的叶黄素，二者用于鸡饲料中均能使鸡蛋蛋黄的色泽较天然的好。每吨饲料添加类胡萝卜素 2～10 g，就能使蛋黄颜色呈现较深的黄色。除此以外还有裸甲酮(0.001%～0.02%)、茜草色素(50 mg/kg)、蓝藻、绿藻、辣椒、虾壳粉、蟹壳粉等，均具有良好的增色效果。

9.酶制剂

酶制剂是通过富产酶的特定微生物发酵，经提取、浓缩等工艺加工而成的包含单一酶或混合酶的工业产品，是具有高度催化活性物质的一种新型饲料添加剂，是通过微生物如米曲霉、黑曲霉、枯草杆菌和酵母杆菌等提取酶产物制成的产品。

幼龄蛋鸡消化道和酶系统发育很不完善，消化酶和消化液分泌不足，补充外源酶有助于分解大分子物质。健康状况不佳或应激状态时，蛋鸡消化道内酶的分泌量降低，可补充外源性酶。

保存：易受外界因素如高温、高湿、pH 值、理化因素等的影响，干酶制剂比液状酶具有较高的稳定性。

外源酶是安全的，是由微生物产生的酶，结构组成与动物分泌的酶不同，因而不会产生负反馈调节，不会抑制内源酶的分泌。

10. 微生态制剂

微生态制剂又名活菌制剂、生菌剂、益生素。鸡食入后，能在消化道中生长发育或繁殖，具有有益作用的活体微生物饲料添加剂。它可以被用来替代抗生素饲料添加剂防止消化道疾病，降低鸡的死亡率，提高饲料效率，促进动物生长等作用，天然无毒，副作用少。主要的菌种有乳酸杆菌属、链球菌属、双歧杆菌属、某些芽孢杆菌、酵母菌、无毒的肠道杆菌等。

11. 寡聚糖

研究证明，在动物的消化道内存在的正常微生物群落对宿主具有营养、免疫、生长刺激和生物拮抗等作用，是维持动物良好健康状况和发挥正常生产性能所必须的条件。近年来，已开始采用寡糖等通过化学益生作用调控动物消化道微生物群落组成。这些寡糖有果寡糖、甘露寡糖、麦芽寡糖半乳糖寡糖等。大量研究表明，在饲料中添加适量寡糖，可提高鸡生长速度，改善其健康状况，提高饲料利用率和免疫力，减少粪便中氨等腐败物质的量。

12. 提高采食量的添加剂

调味剂对鸡来说没有明显效果。制粒可以提高采食量，黏合剂是保证制粒质量的物质，黏合剂可以用改性淀粉、半纤维素、磺酸本质素、羧甲基纤维素、膨润土、古柯胶(guanmeal)、糖蜜等，这些都有助于控制制粒的质量。

五、蛋鸡的饲养标准

不同国家和育种公司制订有各自的蛋鸡的饲养标准，这些标准大同小异，这里主要介绍当前蛋鸡生产中主要饲养品种的饲养标准。

1. 巴布考克 B-380 父母代蛋鸡育雏育成期饲养标准(表 4-1)

表 4-1　巴布考克 B-380 父母代蛋鸡育雏育成期饲养标准

项目	单位	1～3 周	4～10 周	11～16 周	17～18 周
代谢能	MJ/kg	12.3	11.9	11.3	11.5
粗蛋白质	%	20.00	19.00	16.00	17.00
蛋氨酸	%	0.52	0.45	0.33	0.36
蛋氨酸＋胱氨酸	%	0.85	0.76	0.58	0.65
赖氨酸	%	1.15	0.98	0.72	0.75
苏氨酸	%	0.73	0.65	0.50	0.53
色氨酸	%	0.21	0.19	0.17	0.17
亚油酸	%	1.50	1.25	1.00	1.00
钙	%	1.05～1.10	1.00～1.10	0.90～1.10	2.00～2.10
有效磷	%	0.48	0.42	0.36	0.45

2. 巴布考克 B-380 父母代蛋鸡产蛋期饲养标准(表 4-2)

表 4-2　巴布考克 B-380 父母代蛋鸡产蛋期饲养标准

项目	单位	19～45 周龄	46 周龄后
粗蛋白质	g/(只・d)	21.0	20.0
蛋氨酸	mg/(只・d)	450	400
蛋氨酸＋胱氨酸	mg/(只・d)	790	700
赖氨酸	mg/(只・d)	930	900
苏氨酸	mg/(只・d)	620	590
色氨酸	mg/(只・d)	200	190
亚油酸	g/(只・d)	1.6	1.8
钙	g/(只・d)	3.8～4.2	4.2～4.6
有效磷	g/(只・d)	0.42	0.38

3.伊萨新红褐父母代蛋鸡育雏育成期饲养标准(表 4-3)

表 4-3 伊萨新红褐父母代蛋鸡育雏育成期饲养标准

项目	单位	育雏期	育成前期	育成后期	开产前
代谢能	MJ/kg	12.34	11.93	11.3～11.7	11.3～11.7
粗蛋白质	%	18.5	17～18	15～16	16～17
蛋氨酸	%	0.45	0.43	0.34	0.38
蛋氨酸＋胱氨酸	%	0.80	0.77	0.61	0.68
赖氨酸	%	1.12	0.96	0.76	0.85
苏氨酸	%	0.73	0.63	0.50	0.56
色氨酸	%	0.21	0.20	0.17	0.19
亚油酸	%	1.20	1.00	0.80	1.00
钙	%	1.00～1.10	0.95～1.00	0.90～1.10	2～2.5
有效磷	%	0.47～0.50	0.40～0.45	0.35～0.40	0.40～0.45

4.伊萨新红褐父母代蛋鸡产蛋期饲养标准(表 4-4)

表 4-4 伊萨新红褐父母代蛋鸡产蛋期饲养标准

项目	单位	产蛋 1 期	产蛋 2 期	产蛋 3 期	产蛋 4 期
代谢能	MJ/kg	11.30～11.72	11.30～11.72	11.30～11.72	11.30～11.72
粗蛋白质	%	17～18	17～18	16～17	15～16
蛋氨酸	%	0.42	0.39	0.36	0.33
蛋氨酸＋胱氨酸	%	0.75	0.70	0.64	0.59
赖氨酸	%	0.86	0.80	0.74	0.68
苏氨酸	%	0.63	0.59	0.54	0.50
色氨酸	%	0.20	0.19	0.17	0.16
亚油酸	%	1.40	1.30	1.20	1.10
钙	%	4.0	4.1	4.2	4.3
有效磷	%	0.45	0.43	0.40	0.37

5.罗曼褐商品代蛋鸡育雏育成期饲养标准(表 4-5)

表 4-5　罗曼褐商品代蛋鸡育雏育成期饲养标准

项目	单位	1～4 周龄	5～8 周龄	9～16 周龄	17～19 周龄
代谢能	MJ/kg	12.34	11.93	11.3～11.7	11.3～11.7
粗蛋白质	%	21	18.5	14.5	17.5
蛋氨酸	%	0.48	0.38	0.33	0.36
蛋氨酸＋胱氨酸	%	0.83	0.67	0.57	0.68
赖氨酸	%	1.20	1.00	0.65	0.85
苏氨酸	%	0.80	0.70	0.50	0.60
色氨酸	%	0.23	0.21	0.16	0.20
亚油酸	%	1.40	1.40	1.10	1.10
钙	%	1.05	1.00	0.90	2.00
有效磷	%	0.48	0.45	0.37	0.45

6.罗曼褐商品代蛋鸡产蛋期饲养标准(表 4-6)

表 4-6　罗曼褐商品代产蛋期饲养标准

项目	单位	产蛋 1 期	产蛋 2 期	产蛋 3 期	产蛋 4 期
代谢能	MJ	11.30～11.72	11.30～11.72	11.30～11.72	11.30～11.72
粗蛋白质	g	17～18	17～18	16～17	15～16
蛋氨酸	mg	0.42	0.39	0.36	0.33
蛋氨酸＋胱氨酸	mg	0.75	0.70	0.64	0.59
赖氨酸	mg	0.86	0.80	0.74	0.68
苏氨酸	mg	0.63	0.59	0.54	0.50
色氨酸	mg	0.20	0.19	0.17	0.16
亚油酸	g	1.40	1.30	1.20	1.10
钙	g	4.0	4.1	4.2	4.3
有效磷	g	0.45	0.43	0.40	0.37

目前,使用的还有中国家禽饲养标准、美国(NRC)家禽饲养标准等。

六、产蛋期饲料配方举例

以下列举的蛋鸡产蛋期的饲料日粮，只能作为配合饲粮时的参考(表 4-7 和表 4-8)。

表 4-7 蛋鸡产蛋期不同产蛋阶段的饲料配方示例 1

饲料名称及配合比例(%)	配方编号							
	蛋 1		蛋 2		蛋 3		蛋 4	
	5%至高峰		75%～85%		65%～75%		<65%	
	1	2	1	2	1	2	1	2
黄玉米	56.61	56.34	58.33	57.78	62	61.59	61.58	61.69
麸皮	3.19	—	3.76	0.73	5.14	2.87	4.38	2.77
豆粕	24.72	32.47	23.31	30.19	18.91	24.07	20.63	24.07
进口鱼粉	5.00	—	4.00	—	3.00	—	2.00	—
石粉	7.33	7.52	7.9	7.6	8.5	8.28	8.43	8.28
骨粉	2.14	3.13	2.21	3.15	1.96	2.67	2.2	2.67
蛋氨酸	0.154	0.195	0.154	0.193	0.134	0.163	0.144	0.163
食盐	0.35	0.35	0.36	0.36	0.36	0.36	0.36	0.36

注：表中“1”为有鱼粉日粮；“2”为无鱼粉日粮，可用于父母代种鸡；复合维生素和微量元素添加剂按照说明另加。

按表 4-8 中配方进行饲料配制后，按照复合维生素和微量元素添加剂的使用说明另外添加。使用小麦的配方另外添加复合酶制剂。

在这里需要注意的是，上述配方是以有关饲料营养成分表中各种养分数据为基础调整的，原料的实际营养成分含量存在比较大的变异范围，需要根据实际情况和应用效果适时进行适当调整。

表 4-8　蛋鸡饲料配方示例 2

成分	雏鸡		育成前期		育成后期		产蛋前中期		产蛋后期	
组成	1	2	1	2	1	2	1	2	1	2
玉米	65	46	66	47	65.94	48	63	46	66	48
小麦	0	23	0	23	0	22	0	18	0	19
麸皮	2.7	0	5.54	3	8.5	5.44	1	0	2	0
豆粕	20	19	14.6	15	12	12	16	17	14	14
菜籽粕	5	4	5	5.14	6	5	4	4	4	3
棉仁粕	3	3	4	5	5	5	3	3.1	4	3
花生饼			2	0			2	0	0	2
油脂	1	1.5	0	0			1.8	2.0	0	1
石粉	1.54	1.8	1.5	1.5	1.2	1.2	7.6	8	8.4	8.4
磷酸氢钙	1	1	1	1.0	1	1	1	1	1	1
蛋氨酸	0		0	0	0	0	0.24	0.2	0.24	0.24
赖氨酸	0.4	0.34	0	0	0	0	0	0.34	0	0
食盐	0.36	0.36	0.36	0.36	0.36	0.36	0.36	0.36	0.36	0.36
合计	100	100	100	100	100	100	100	100	100	100

注：表中“1”为有鱼粉日粮；“2”为无鱼粉日粮。

七、配合饲料的选择与使用

1. 按营养成分分类

配合饲料按营养成分分类主要分为全价配合饲料、浓缩饲料、添加剂预混料和混合饲料。

全价配合饲料　全价配合饲料又称全价料，它是采用科学配方和通过合理加工而得到的营养全面的复合饲料，能够满足鸡的各种营养需要，经济效益高，是理想的配合饲料。全价配合饲料可由各种饲料原料加上预混料配制而成，也可由浓缩饲料加能量饲料配制而成，全价配合饲料在鸡的饲养中用得最多。

浓缩饲料　由蛋白质饲料、矿物质饲料、添加剂预混料按规定要求配制而成，不能直接用于喂鸡。一般含有蛋白质 30%以上，与能量饲料的配合应按生产厂家的说明进行配比，通常占全价配合饲料的30%～40%。

添加剂预混料　由各种营养性和非营养性添加剂载体混合而成，可供生产浓缩料和全价饲料使用，一般添加量为0.5%～5%。

混合饲料　混合饲料又叫初级配合饲料，为基础日粮。由能量饲料、蛋白质饲料、矿物质饲料按一定比例组合而成。基本上能满足鸡的营养需求，但营养不够全面，只适合农村散养户搭配一定青绿饲料饲喂。

2.按饲料物理形状分类

配合饲料按饲料物理形状分类可分为粉料、颗粒料和粒料。

粉料　这种饲料的生产设备及工艺均较简单，品质稳定，饲喂方便安全可靠。鸡可以吃到营养较全面的饲料，由于鸡采食慢，所有的鸡都能均匀采食。适用于各种类型和年龄的鸡。但粉料的缺点是易引起挑食，使鸡的营养不平衡，尤其使用链条输送饲料时。喂料采食量少，且易飞扬散失，使舍内粉尘较多，既造成饲料浪费，又增加呼吸道病发生率，在运输中易产生分级现象。

颗粒饲料　颗粒饲料是粉料再通过颗粒压制机制成的饲料，形状多为圆柱状。颗粒机由双层蒸煮器与环模压粒机组成，混合好的粉料加入蒸馏器的上层，由搅拌桨慢慢推进，并加入少量水蒸气，20～30 min后顺序进入环模压粒机，再经干燥机干燥后过筛，筛上为颗粒饲料，筛下的破碎细末再送回重加工。

颗粒料的优点是适口性好，避免挑食，减少浪费等，可保证食入料的全价性，饲料报酬高；在制作过程中经加压加温处理，破坏了部分有毒成分，起到了杀虫、灭菌作用。缺点是成本较高，在加热加压时使部分维生素和酶丧失活性，宜酌情添加。制粒增加了水分，不利于保存。在蛋鸡生产中一般只用于3周龄前的雏鸡。

粒料　主要是玉米、草籽、土粮、发芽麦类等，鸡喜欢采食，但营养不完善，多与粉料配合使用或限制饲养时停料日饲喂。

八、混合饲料的质量感官鉴定

作为养鸡户，缺乏饲料分析设备，在选购饲料时主要通过感官鉴定的方法鉴别饲料质量。

视觉鉴定及用放大镜观察　观察饲料形状，色泽，有无霉变、虫子、硬块、异物等。掺假饲料一般碾得较细，看不出组成成分，色泽较深或较浅，常因水分含量较高导致潮解、发霉、虫蛀、呈块状，有时掺有大量沙子或大量低成本饲料，如配合饲料中贝壳粉量达到 20%。若有上述现象一般为劣质饲料。

味觉鉴定　可将少许饲料放入口中舔咬，优质饲料味好，劣质饲料有怪味。

嗅觉鉴定　看饲料有无霉臭、腐臭、氨臭、焦臭等，有则为劣质饲料。

触觉鉴定　用手指捻饲料，通过触摸饲料颗粒大小、硬度、黏稠性等来判断饲料优劣。

九、商品饲料的使用

浓缩饲料　目前，大多数饲料生产企业生产的蛋鸡浓缩饲料是按照 40%的浓缩饲料加上 60%的玉米碎粉的比例提供的。一般的包装为 40 kg/包，养鸡户按每袋浓缩饲料再添加 60 kg 玉米碎粉后配制出 100 kg 的配合饲料使用。一部分企业生产的浓缩饲料是 36%的比例，使用时需要了解饲料公司提供的使用说明，添加其他原料混匀后使用。

预混合饲料　一般是按照 4%～5%的比例使用，需要根据饲料生产企业提供的配方添加玉米、饼粕、矿物质原料等，充分混匀后使用。

本章重点提示：蛋用鸡饲料配制特点

1.不同时期对钙的要求差别大。雏鸡和青年鸡阶段饲料中的钙含量要求为0.9%～1.1%，而在产蛋期间则应达到3.3%～3.5%。非产蛋期间饲料中钙含量高会造成钙代谢障碍，诱发肾脏尿酸盐沉积、排稀便等。而产蛋期钙不足会造成蛋壳变薄、破蛋率升高，诱发软骨症和笼养鸡产蛋疲劳综合征。

2.雏鸡和产蛋鸡饲料营养浓度高。雏鸡阶段生长发育快，但是其采食量小、消化机能差，需要高营养浓度的饲料才能满足其需要。产蛋阶段的鸡每天用于产蛋的营养量大，同时饲料中需要使用较多的石粉或贝壳粉提供钙，其他营养浓度低的饲料原料应严格控制使用。

第五章　蛋鸡场防疫制度化

本章知识新亮点："防病重于治病"，倡导蛋鸡健康养殖，做好疫病防治工作

鸡病的频繁暴发，给广大养殖场(户)造成极大的经济损失。蛋鸡养殖中应做到养重于防，让鸡群生活在一个良好的、适宜的环境中，并加强饲养管理，依靠机体的综合免疫力的提高来抵抗疫病的侵扰。

从整体来说，饲养环境生态化、行业规范标准化、饲养规模集约化、疫情预警信息化、防控宏观统一化、科学管理制度化、饲养管理自动化、设备布局合理化，是我们以后养鸡业发展的主要趋势。

一、卫生防疫管理措施

1. 提高防病意识

管理人员是鸡场生产管理与经营措施的制定者，也是执行相关措施的示范者，只有管理人员对禽病防治工作的重要性有了足够的认识，才能够在制定卫生防疫措施的时候考虑得周全，在落实卫生防疫措施的时候不折不扣，具体措施才能有效地得到实施。

工人是鸡场各项生产措施，包括卫生防疫措施的具体执行者。在大中型养殖场内工人大都是雇佣人员，很多人不能正确认识他们与企业之间的利益关系，往往把有关严格卫生防疫方面的措施看作是对他们施加的压力，而不严格依章行事。这也是许多养殖场在卫生防疫方面出现漏洞的主要原因。

2. 制定严格的卫生防疫措施

要有完善的卫生防疫设施　一个鸡场的卫生防疫设施主要包

括隔离围墙、隔离绿化、车辆消毒设施、人员隔离设施、人员更衣消毒设施、鸡舍工作间消毒设施、病死鸡隔离与暂存设施、粪便清理与堆放设施等。

要有严格的卫生防疫制度 包括外来人员的隔离与消毒、外来动物的隔离、外来车辆的消毒、日常消毒制度等。

要严格执行全进全出的生产制度 “全进全出制”是指在一个专业家禽生产场内只饲养同一个批次(品种、日龄、来源相同)的家禽,经过相同的饲养期,家禽同时达到上市日龄(或体重)或淘汰日龄,在短短的几天内把家禽全部出售,经过对全场的清理、消毒和闲置后再饲养下一批家禽的生产管理制度。实施这种制度的优越性在于:有利于切断疫病的循环传播,有利于禽群的卫生防疫管理,有利于规范化生产。

3. 做好隔离工作

隔离是指把家禽生产和生活的区域与外界相对分隔开,避免各种传播媒介与家禽的接触,减少外界的病原微生物进入家禽生活范围内,从而切断传播途径。隔离应该从全方位、立体的角度进行,任何一个方面的疏漏都会使在其他方面所做的努力化为泡影。

隔离的内容包括:场区与外界的隔离,外来人员和车辆、物品的隔离,饲养人员与非直接饲养人员的隔离,场区内各鸡舍的隔离等。

4. 严格消毒管理

要正确使用消毒剂,达到理想的消毒效果。各种类型的消毒剂要交替使用,以达到对每一类病原微生物的杀灭作用。每个场要选择 4 种不同的消毒药(如季胺盐类、含氯离子类、氧化剂、碘制剂等),才能取得良好的消毒效果。

场区、生产区大门口设立门卫和消毒池,严格把关,对进入生产区的人员、工具、物资、车辆进行严格消毒。设立卫生消毒小组,定期对生产区内的鸡舍环境进行严格认真的消毒。夏秋季每隔 1

周,冬春季每隔2周对整个环境进行一次喷洒消毒;脏道每清粪或淘汰鸡一次生灰消毒一次。

鸡舍饲养员要定期更换鸡舍入口消毒池的消毒液,保持消毒液的有效性;定期对鸡群、鸡舍进行消毒,一般成鸡每周消毒一次。每次清粪后应进行消毒一次。每天一次清理消毒饮水器具。喂料器具用后进行喷雾消毒。

在家禽场内贮粪场通常位于某个角落,按照要求贮粪场地面必须硬化,上面要有顶棚以防雨淋。鸡场内死亡的鸡也往往丢弃到粪堆上。可以说贮粪场是鸡场内最大的污染源。要求每周要使用较高浓度的消毒药对粪堆和其周围地面进行喷洒消毒,减少病原的扩散和蚊蝇的滋生。

5.杀虫灭鼠,控制飞鸟

许多昆虫(如蚊、蝇、虻、蚋虫等)、外来鸟类和鼠类携带有病原体,是许多鸡病如鸡痘、禽流感等的传染源和传播媒介,所以要搞好杀虫灭鼠工作。填平污水沟,清理垃圾、杂物、杂草,鸡粪发酵,适当硬化地面。填埋、硬化鼠洞。消灭蚊蝇繁殖的场地及鼠类藏身出没的场所。

6.保证饮水卫生

饮水质量会直接影响家禽的健康,饮水中一些有毒元素(铅、汞、砷等),含量高会导致家禽中毒。饮水中细菌数量(尤其是大肠杆菌)多会直接导致家禽发病。有的家禽场由于饮水中细菌数量超标,使得家禽经常出现拉稀问题,使用抗生素后就好转,而在停药后几天又会复发。

7.做好疫苗的接种工作

对于传染病的预防,重要的措施之一就是及时进行免疫接种。由于某些疾病的发生具有年龄特征,在合适的周龄进行接种后就不必担心以后再出现这种问题;大多数的病毒性传染病疫苗在接种后家禽能够产生坚强的免疫力,保证在接种后的相当长一段时间内对该病原有足够的抵抗力。

对于病毒性传染病目前没有很好的治疗方法，主要的措施就是通过免疫接种使机体产生保护力，不发生这些疾病。

在蛋鸡生产中，许多育种公司或种鸡场提供有免疫程序供参考。但是，由于不同地区、不同季节、不同生产安全环境所造成的差异，这些免疫程序只能作为参考，必要时可通过咨询当地专家进行适当调整（表 5-1 至表 5-3）。

表 5-1　商品蛋鸡主要疫病的免疫程序

日龄	防治疫病	疫苗	接种方法	备注
1	马立克氏病	HVT 或“841”或 HVT “841”二价苗	颈部皮下注射	在出雏室进行
7～10	新城疫传染性支气管炎病	新城疫和传染性支气管炎 H_{120} 联苗	滴鼻、点眼	根据监测结果确定首免日龄
10～14	马立克二免	疫苗同 1 日龄	同 1 日龄	用量加倍
	传染性法氏囊病	传染性法氏囊双价疫苗	饮水	
20～24	鸡痘	鸡痘弱毒苗	翅下刺种	疫区使用
	传染性喉气管炎	传染性喉气管炎弱毒苗	饮水与点眼	
25～30	新城疫、传染性支气管炎	新城疫和传染性支气管炎 H_{52} 联苗	饮水或肌内皮下注射	用量加倍
	传染性法氏囊病	传染性法氏囊双价疫苗	饮水	
50～60	传染性喉气管炎	弱毒苗	饮水	疫区使用
70～90	新城疫	克隆 30 或 IV 系	喷雾或饮水	若抗体水平不低可省去
110～120	新城疫	新城疫油苗	肌内或皮下注射	
	传染性支气管炎	传染性支气管炎 H_{52}	饮水	
	减蛋综合征	减蛋综合征油苗	肌内或皮下注射	
	鸡痘	鸡痘弱毒苗	翅下刺种	

表 5-2　蛋鸡免疫程序(参照)

日龄	疫苗名称	方 法
7	Ⅳ-H_{120}或新支二联四价苗	滴鼻、点眼或倍量饮水
9	复合新城疫肾传支二联苗	颈部皮下注射
11～13	传染性法氏囊炎苗	倍量滴口或饮水
18	大肠杆菌苗	皮下注射
20～22	传染性法氏囊炎苗	倍量滴口或饮水
25	Ⅳ-H_{120}或新支二联四价苗	滴鼻、点眼或倍量饮水
30～32	传染性法氏囊炎苗	倍量滴口或饮水
35	鸡痘、禽流感苗	翅下刺种、皮下注射
40	传染性喉气管炎苗	滴鼻或涂肛
45	传染性鼻炎或支原体鼻炎二联苗	皮下或肌内注射
60	复合新城疫油苗	皮下或肌内注射
85～90	传染性喉气管炎苗	滴鼻或涂肛
95	鸡痘苗	翅下刺种
100	大肠杆菌苗	肌内或皮下注射
110～125	支原体鼻炎二联、禽流感苗	肌内或皮下注射
	复合新城疫、减蛋综合征苗	肌内或皮下注射
	多价传支苗	肌内或皮下注射

表 5-3　种鸡免疫程序(参照)

日龄	接种疫苗	接种方法
1	马立克疫苗	皮下注射
5	克隆 30＋新城疫-传支 H_{120}	点眼或滴鼻
	新城疫油苗	颈部皮下注射
15	传染性法氏囊病活疫苗	滴口
21	鸡痘	翼下刺种
25	传染性法氏囊病活疫苗	饮水
28	新城疫-传支 H_{52}	点眼或滴鼻
45	禽流感油苗	肌内或皮下注射
60	新城疫 1 系或克隆 1 系	肌内注射

续表 5-3

日龄	接种疫苗	接种方法
67	传染性鼻炎油苗	肌内注射
77	脑脊髓炎-鸡痘二联苗	翼下刺种
110	禽流感油苗	肌内或皮下注射
120	传染性法氏囊病油苗	肌内或皮下注射
130	新-支-减三联油苗	肌内或皮下注射
210	新城疫-流感二联油苗	肌内或皮下注射

注:本表是由伊萨巴布考克公司提供的 B-380 父母代种鸡免疫程序。

8.做好细菌性和寄生虫病的药物防治工作

一些细菌、支原体和寄生虫对抗生素、抗寄生虫药物有很高的敏感性,在家禽生产中通过混入饮水、拌入饲料或肌内注射或浸泡、喷洒等方式给药能够有效抑制或杀灭家禽体内外的微生物和寄生虫。目前,对于致病性细菌、支原体和寄生虫还没有高效的菌苗可以使用,对于细菌性疾病和寄生虫病的控制基本上还需要靠使用药物。我国已经制定了家禽的药物使用规范,注明了在家禽生产中哪些药物可以使用,哪些是不能使用的。生产中要严格按照药典规定用,防止药物残留导致使产品质量下降。

9.粪便、污水和垫草的无害化处理

在家禽场污物的处理方面,有粪便的堆积发酵、烘干、沼气化处理,病死家禽的处理则主要有深埋和焚烧等方式。

堆积发酵　家禽粪便中含有大量对植物非常有用的营养成分,因而无论是我国还是经济发达的国家,将禽粪作肥料使用均是一种重要的消纳方式。将粪污经堆肥处理后利用,是目前我国使用较广泛的形式。堆肥时,在一定的温度、湿度和氧气的作用下,利用粪污中的微生物发酵产生的热,既可杀死大部分病原菌及寄生虫卵,也能除去臭气,同时方法简便易行、投资少,但易造成空气和水源的污染。为减少污染,可将堆肥场地硬化,外垒矮墙,上搭塑料棚。

国外许多发达国家，利用现代微生物技术和生物发酵工艺，在发酵塔中对禽粪通过快速发酵、杀菌、脱臭后添加适量复合微肥，制成复合有机肥，既防止了污染，提高了肥效，又不破坏土壤，价格也较化肥低。在重视环保，发展“绿色农业”的今天，此技术有很大的发展空间。

禽粪作肥料时，应了解粪污中氮、磷含量和比例及重金属含量，还应准确估计土地和作物所能消化的营养量。因而应合理选择施肥方法，管理和种植体系等。

烘干　使用专门的粪便烘干设备，通过使用高温蒸汽与粪便的充分混合，杀死粪便内的病原体，脱去粪便的臭味，并促使粪便中水分的蒸发，使粪便经过处理后其中的水分含量降低至 20%以下，便于贮存和使用。

沼气化处理　将家禽生产过程中产生的粪水导入沼气池内，通过微生物的作用产生沼气，为取暖、照明、做饭提供能源。沼气废渣是很好的有机肥，其中的病原体经过发酵处理基本都被杀死。

焚烧　在大型家禽场都应该配备专门的焚化炉，每天死亡的家禽(尤其是由于传染病而死亡的家禽)被送入焚化炉焚烧，这样可以彻底清除病死家禽成为场内的传染源。

深埋　没有焚化炉的家禽场应该在远离生产区的地方挖一个深达 4～5 m，内径约 3 m 的深坑，并进行适当的防渗处理，坑口用带口(口径约 50 cm)水泥预制板封盖。每天将死亡的家禽投入深坑内并同时用消毒剂泼洒，之后将口盖住，使坑内的死禽与外界基本隔离。当一个深坑内死禽数量填埋到距坑口约 1 m 的时候用生石灰覆盖 30 cm，上面再用土填实，再挖第二个深坑使用。

目前，在不少地方的小型家禽场内死亡的禽只随便丢弃现象普遍存在，甚至有人专门收购病死家禽进行加工销售，这属于违法行为。这种情况为禽病的传播提供了条件，也是国内一些地方禽病难以有效控制的重要原因。

二、病毒性疾病的防治

1. 鸡新城疫

鸡新城疫俗称鸡瘟，是由副粘病毒引起的一种主要侵害鸡的急性、高度接触性和高度毁灭性的疾病。临床上表现为呼吸困难、下痢、神经症状（彩图 5-1）、黏膜和浆膜出血，常呈败血症。不同日龄的鸡以及一年四季均可发生，尤其以寒冷和气候多变季节多发。

诊断要点　排黄绿色稀粪，混少量血液，后排蛋清样黏液，显性型急性败血症，呼吸困难、嗉囊积液、神经机能紊乱、扭歪脖子、腺胃出血水肿（彩图 5-2），肠黏膜有纤维素性坏死、溃疡。发病率和死亡率高。

防治措施　严格防止一切携带该病毒的动物或物品进入鸡场。认真做好预防接种工作，增强鸡群对新城疫的抵抗力。用Ⅰ系和Ⅳ系冻干苗进行紧急接种。为防止疫情扩大，要封锁鸡场，严格消毒，分群隔离治疗该病。

2. 非典型性新城疫

诊断要点　病情较缓，病鸡咳嗽、喘息和减食，严重影响产蛋，常停产 1～3 周，大多没有腹泻和消化道出血的症状和病理变化。病鸡常出现歪颈仰视等神经症状，也有的在受惊或抢食时突然倒地、抽搐，数分钟后恢复正常。

育雏和育成阶段发生时，首先表现的是呼吸症状，有的鸡表现呼吸困难，伸颈张口喘气，病鸡伴以神经症状出现时，食欲减退或拒食的鸡只增多，病鸡下痢，发病后 2～3 d，鸡只死亡增加并与日俱增，大约在 1 周后死亡鸡数量开始下降。

成年产蛋鸡发病，主要表现呼吸困难和少数鸡只的神经症状，产蛋量明显下降，鸽蛋、软壳蛋增多，并有少量鸡只死亡。

非典型性新城疫致死鸡的病理剖检变化不典型而且轻微，腺胃与食道、腺胃与肌胃交界处多不见变化，腺胃乳头出血也很少见到，肠道与盲肠扁桃体的变化也不及典型性新城疫明显，直肠和泄殖腔黏膜的出血经常可见(彩图 5-3)。

防治措施　根据生产的具体情况，包括疫苗种类、鸡龄、母源抗体水平、机体的健康状况、环境条件等因素来制订合适的免疫程序，以期达到预期的防治效果。

抗鸡新城疫血清或卵黄抗体在发病早期应用，对病鸡有一定的治疗效果，按每千克体重肌内或皮下注射 2～3 mL。

鸡群发生新城疫后，要采取紧急措施，防止扩大传染。主要措施有：将死鸡火烧或深埋于地下 1 m 处，病鸡与健康鸡群隔开，健康鸡接种Ⅰ系苗等进行紧急预防，封锁发病鸡场，进行彻底严格消毒，在疫病流行过后观察 1 个月再无新病例出现，且进行最后一次彻底消毒后才解除封锁。

3. 鸡流行性感冒(禽流感)

本病是由正粘病毒科 A 型流感病毒引起的以呼吸困难、产蛋下降为主要特征的急性出血性传染病。四季均发，但以寒冷季节多发。通过消化道和呼吸道接触感染。目前我国流行的毒型为温和型。

诊断要点　病鸡体温升高、精神沉郁、羽毛松乱、食欲降低；表现有咳嗽、呼吸困难、头颜面水肿、冠肉垂发紫、后肢趾部角质鳞片出血(彩图 5-4)；全身浆膜、黏膜及实质脏器严重广泛出血；产蛋鸡产蛋群体急剧下降，下降幅度不等，软蛋、薄皮蛋、褪色蛋增多；卵巢软化变形，输卵管水肿、内有白色黏稠或蛋清样分泌物(彩图 5-5 和彩图 5-6)。

防治措施　抗病毒，控制细菌并发感染，保护生殖系统，早期治疗降低致病程度；加强饲养管理，杜绝本病的传入；用当地流行的毒株制备灭活疫苗紧急免疫；清瘟败毒散拌料，多维饮水。

4. 鸡传染性支气管炎

鸡传染性支气管炎是广泛流行的一种高度接触性传染病。临床表现有以呼吸道症状（彩图 5-7）和肾病变为主。该病不但会引起鸡只死亡，会致使鸡群生产性能下降，饲料报酬降低。常继发大肠杆菌病、葡萄球菌病等，导致死淘率增加。该病病原的血清型较多，新的血清型不断出现，加上不适当的免疫程序，常导致免疫失败，致使该病不能得到有效控制，给养鸡业造成巨大损失。

诊断要点　肾型传支应与饲料、药物等因素（饲料高钙低磷、高蛋白，给育成鸡喂蛋鸡料，日粮中维生素 A 缺乏，磺胺药用量过大、时间过长，饲料中钠离子浓度过高等）所引起的尿酸盐沉着症、传染性法氏囊病、禽肾炎病毒感染、鸡蓝冠病、鸡白痢杆菌病等进行鉴别。其他型传支应与新城疫、禽流感、产蛋下降综合征、传染性鼻炎（病鸡面部肿胀）、慢性呼吸道病、引起输卵管囊肿的衣原体病等进行鉴别。有时候是由多种因素引起，要分清主次先后。

以呼吸道症状为主的传染性支气管炎，雏鸡发生多在 5 周以内，病雏精神沉郁，呼吸困难，张口喘气，多因呼吸困难窒息死亡。成年鸡主要表现为产蛋下降，见有软壳蛋、畸形蛋、蛋皮粗糙等（彩图 5-8）。以肾病为主的病死鸡，最主要的变化是肾脏明显肿大，色淡，肾小管和输尿管充盈尿酸盐而扩张，肾脏外观呈花瓣状。

防治措施

控制：对肾型传支，用消肾肿药（如 0.1%碳酸氢钠）让鸡饮水 3 d。降低日粮中蛋白含量。合理地给予抗菌药，选用土霉素、强力霉素、丹诺沙星或氨苄青霉素等，以控制细菌感染。增加日粮中维生素（特别是维生素 A）的含量。合理配制日粮。加强饲养管理，提高舍温，注意湿度要合适，环境消毒、带鸡消毒。

预防：不要从疫区引种。加强饲养管理，保持环境卫生，定期消毒。选用合适的疫苗和合理的免疫程序。鸡传染性支气管炎弱毒疫苗可用于气雾、点眼、滴鼻、饮水和鸡胚（如 18 日龄）免疫。点眼、滴鼻比饮水效果好。鸡传染性支气管炎的国产弱毒疫苗有：H_{120}和H_{52}等。H_{120}毒力弱，对14日龄的雏鸡安全，主要用于雏鸡的首次免疫。H_{52}毒力较强，可引起14日龄的鸡较严重的反应，多用于8～10周龄鸡重复免疫。蛋鸡：7日龄及30日龄用H_{120}点眼、滴鼻或饮水；8周龄时，用H_{52}免疫；产蛋前注射鸡传染性支气管炎灭活油乳剂疫苗。有人认为，产蛋鸡产蛋期使用弱毒疫苗，如H_{52}免疫，会使产蛋率下降、蛋壳质量下降。

5.鸡传染性法氏囊病

传染性法氏囊病又名腔上囊炎，是由病毒引起的雏鸡的一种急性高度接触性传染病，临床上以法氏囊肿大、肾脏损害为特征。目前本病作为危害养禽业的三大主要疫病之一，呈世界性分布，该病引起雏鸡的免疫抑制，使病鸡对大肠杆菌、腺病毒、沙门氏菌、鸡球虫等病原更易感，对马立克疫苗、新城疫疫苗等接种的反应能力下降，因此该病对养鸡业造成了巨大的危害。

诊断要点 在易感鸡群中，本病往往突然发生，潜伏期短，感染后2～3 d出现临床症状，早期症状之一是鸡啄自己的泄殖腔现象。发病后，病鸡下痢，排浅白色或淡绿色稀粪，腹泻物中常含有尿酸盐，肛门周围的羽毛被粪污染或沾污泥土。5～7 d死亡达到高峰，以后开始下降。病程一般为5～7 d，长的可达21 d。本病明显的发病特点是突然发生、感染率高、尖峰死亡曲线、迅速康复。但一度流行后常呈隐性感染，在鸡群中长期存在。

死于感染的鸡呈现脱水、胸肌发暗，股部和胸肌常有出血斑、点(彩图5-9)，肠道内黏液增加，肾脏肿大、苍白，小叶灰白色，有尿酸盐沉积。法氏囊是病毒的主要靶器官，感染后4～6 d法氏囊出现肿大，有时出血带有淡黄色的胶胨样渗出液，感染后7～10 d发生法氏囊萎缩。变异毒株引进的法氏囊的最初肿大和胶胨样黄色渗出液不明显，只引起法氏囊萎缩。超强毒株引起法氏囊严重的出血、淤血，呈“紫葡萄样”外观(彩图5-10)。受感染的法氏囊常有坏死灶，有时在黏膜表面有点状出血或淤血性出血，偶尔见弥漫性出血。脾脏可能轻度肿大有时呈土黄色（彩图 5-11），表面有弥散性灰白的小点坏死灶。偶尔在前胃和肌胃的结合部黏膜有出血点。

防治措施

加强环境卫生消毒工作　鸡法氏囊病病毒对各种理化因素有较强的抵抗力，患病鸡舍病毒可较长时间存在，因此必须做好彻底的消毒，保证鸡场各环节的卫生。所用消毒药以次氯酸钠、甲醛和含碘制剂效果较好。

免疫接种　免疫接种是控制鸡传染性法氏囊病的主要方法，特别是种鸡群的免疫，将其母源抗体传给子代使雏鸡免受法氏囊病病毒的早期感染。制订免疫程序时，应根据当地本病的疫情状况、饲养管理条件、疫苗毒株的特点、鸡群母源抗体水平等来决定，以便选择适当的免疫时间，有效地发挥疫苗的保护作用。

防治　在发病早期，使用高免血清、高免卵黄抗体及中草药方剂均有一定的治疗效果，可以减轻病症，控制疫情。

6. 鸡马立克氏病

马立克氏病是由马立克氏病毒引起鸡的一种高度接触传染性的肿瘤性疾病，以内脏、肌肉、皮肤、淋巴瘤的形成和周围神经的淋巴细胞浸润为特征，是世界上第一个能用疫苗预防的肿瘤病。

诊断要点　根据症状和病变发生的部位可分为 4 种类型：神经型、内脏型、眼型和皮肤型。

神经型　又称古典型。坐骨神经受到侵害，早期症状见鸡行走和站立不稳，严重时瘫痪在地（彩图 5-12）。典型的症状是一只腿向前伸，另一只向后伸呈“劈叉”姿势（彩图 5-13）。当翅神经受到侵害时，翅膀麻痹，头下垂或头颈歪斜。

内脏型　该型流行初期多为急性型，死亡率高达 10%～30%，发病率达 80%。主要表现食欲减退，羽毛松乱，拉黄绿色稀便，逐渐消瘦死亡。

眼型 病鸡对光线反应迟钝，视力减弱或丧失。虹膜褪色，由橘黄色变成灰白色，所以又称“白眼病”或“鱼眼病”。病鸡一侧或两侧眼球的瞳孔边缘不整齐。通过此症状可作出早期诊断。

皮肤型 在病鸡的着羽区的毛囊肿胀，出现小米粒至蚕豆大的瘤状物，切开后质地变韧，切面淡黄色。肌肉也有肿瘤（彩图5-14）。

急性型发生突然，死亡率高，一般达30%～60%，解剖后可见内脏器官形成淋巴瘤，淋巴瘤常见于生殖腺、肝、脾、肺、心和肌肉中。皮肤型在羽囊基部可见肿瘤。慢性型常表现麻痹。

防治措施 保证雏鸡出壳后有一个安全的环境。无论是在雏鸡出壳注射马立克前和注射后的15 d内，环境消毒很重要。出雏后立即进行马立克疫苗注射。雏鸡出壳后愈早注射马立克疫苗，愈有利于马立克疫苗的免疫。加强饲养管理等综合措施。给鸡喂以全价配合饲料，保证鸡群生长发育正常，维持良好的体况。严格鸡舍内和全场的消毒制度，严格进出人员的消毒，严格免疫程序，减少不必要的应激，提高整个饲养管理水平等综合措施才能有效地防治马立克氏病。

7.鸡产蛋下降综合征

本病是由A型腺病毒引起的，以产蛋下降、蛋壳异常、无壳蛋增多为特征的蛋鸡传染病，主要发生于24～30周龄的高产蛋鸡。

诊断要点 发病鸡群一般无特殊的临床症状，只表现产蛋量突然下降。3～8周可恢复正常；产蛋率下降10%～30%，同时伴有大量软皮蛋、褪色蛋、薄壳蛋等；解剖无特征性病变，偶见输卵管水肿、苍白、肥厚。

防治措施 紧急注射产蛋下降综合征油乳苗；用清瘟败毒散拌料，配合多维饮水，连用3～5 d为一个疗程。

8.鸡病毒性关节炎

本病是由呼肠孤病毒引起的鸡的传染病。主要感染 4～6 周的肉鸡,开产后的种鸡群和蛋鸡群也可发生,日龄越小越易感染。

诊断要点　3～10 周龄鸡多发,病鸡不愿行走,跛行,胫趾关节肌、腿肿大;病鸡趾屈腱发生肿胀,腓肠肌腱出血、坏死或断裂,跗关节肿胀,关节腔内有大量淡黄色、半透明的渗出物。

防治措施　加强饲养管理,防止病原入侵;免疫:8～12 日龄病毒性关节炎活菌皮下注射或饮水免疫,蛋鸡在临开产前用灭活苗再免疫一次;本病无特效的治疗方法,可在饲料中应用抗生素药物预防继发感染。

三、细菌性疾病的防治

1.鸡大肠杆菌病

鸡大肠杆菌病是由埃希氏大肠杆菌引起的多种病的总称,包括大肠杆菌性肉芽肿、腹膜炎、输卵管炎、脐炎、滑膜炎、气囊炎、眼炎、卵黄性腹膜炎等疾病,对养禽业危害严重。大肠杆菌为革兰氏阴性菌,不形成芽孢,有鞭毛,有的菌株可形成荚膜。

诊断要点　刚出壳 10 日龄以内的雏鸡会出现腹水,瞎眼眼球正中间有白色雾状膜,扭头歪脖子,观星等神经症状,腹部颈部皮下有胶胨样渗出物。眼炎、大肚子、腹水,脐部发炎变红、变蓝、变绿,消瘦脱水,精神萎靡。肿脸肿眼,有呼吸道声音异常。

急性败血症　由大肠埃希氏菌引起的急性败血症主要发生于雏鸡。在成年鸡和育成鸡的中常与鸡伤寒和鸡霍乱相类似。病鸡肌肉丰满,嗉囊内充满食物,剖检发现肝脏呈绿色,胸肌充血,有时肝脏内有小的白色病灶。

气囊炎　气囊炎主要发生于 3～12 周龄的商品肉鸡,3～9 周龄鸡发病率最高。气囊炎常常继发或并发于传染性支气管炎、鸡新城疫、霉形体病等,因为这些病的病原增强了呼吸道对大肠埃希氏菌的易感性。吸入附有该菌的灰尘是最重要的易感气囊发生感染的途径之一。鸡舍的灰尘和氨气导致鸡的上呼吸道纤毛失去运动性，从而使吸入有大肠埃希氏菌感染气囊。受感染的气囊增厚，胸气囊与胸壁之间、腹气囊与腹壁之间有灰色或白色干酪样凝块。轻微的炎症气囊上有泡沫。严重者可见呼吸困难，有啰音、咳嗽、食欲消失，病鸡消瘦，最后死亡。

心包炎　心包炎经常伴发心肌炎。心包膜呈云雾状，心外膜水肿，并被覆有淡色渗出物，心包囊内充满淡黄色纤维蛋白性渗出物(彩图 5-15)。

眼炎　眼炎是大肠埃希氏菌败血症一种不常见的表现形式，经常是一侧眼睛和眼前房积脓、流泪、有泡沫、失明、脉络膜充血，视网膜完全被破坏。即使有些病鸡康复，但大多在发病后很快死亡。

输卵管炎　当左侧腹气囊感染大肠埃希氏菌后，许多母鸡发生慢性输卵管炎，输卵管扩张、壁变薄，内有大量干酪样团块，该团块随着时间的延长而增长，病鸡常在受到感染后的最初 6 个月死亡，发病后存活的鸡无产蛋能力，产蛋鸡也可能由于大肠杆菌侵入泄殖腔而患输卵管炎。

卵黄性腹膜炎　产蛋母鸡可发生腹腔内大肠埃希氏菌感染。以急性死亡，纤维素性渗出物和游离的卵黄为特征。大肠埃希氏菌经输卵管上行止卵黄内，并在此迅速生长，由于卵黄落入腹腔，而造成腹膜炎，有恶臭味。

大肠杆菌肉芽肿　本病的特征是以肝、盲肠、直肠、十二指肠等的肠系膜和肠黏膜发生肉芽肿，肠道黏膜火山口样肉芽肿是其特征病变；颈部、胸部和腿部由于接种不合格的灭活油苗而产生的肉芽肿或者组织再生等。但是，脾脏没有病变。

蜂窝性网织炎病变　患大肠杆菌病的鸡长期俯卧在地或者地网上，其腹部和胸部皮下形成囊肿，内有浅黄色液体，组织形成蜂窝状结构。

防治措施　大肠杆菌病是由条件性致病菌引起的一种疾病，防治的原则是加强鸡群的饲养管理，降低鸡舍的饲养密度，注意控制鸡舍温湿度和通风，减少空气中细菌污染，鸡舍和用具经常清洗消毒，种鸡场应加强种蛋收集、存放和整个孵化过程的卫生消毒管理，搞好常见多发病的预防工作，减少各种应激因素，避免诱发大肠杆菌病的发生与流行。

大肠杆菌对多种抗生素如卡那霉素、新霉素、氯霉素等，磺胺类和呋喃类药物都敏感，但大肠杆菌极易产生耐药性。在感染早期，最好能将新分离的大肠杆菌进行药物敏感试验，选用敏感的药物将会收到较好的效果。药物预防对鸡常有一定意义，一般可在雏鸡出壳后开食时，在饮水中投0.02%～0.03%氯霉素或0.03%～0.04%庆大霉素。早期投药可控制早期感染的病鸡，促使痊愈，同时可防止新发病例的出现。但在大肠杆菌病发病后期，若出现了气囊炎、肝周炎、卵黄性腹膜炎等较为严重的病理变化时，使用抗生素疗效往往不显著甚至没有效果。

国内已研制成大肠杆菌灭活疫苗，有鸡大肠杆菌多价氢氧化铝苗和多价油佐剂苗，均有一定的防治效果。由于大肠杆菌血清型众多，制苗菌株最好是针对性强或自场分离菌株制成的效果较好，种鸡在开产前接种疫苗后，在整个产蛋周期内大肠杆菌病明显减少，种蛋受精率、孵化率、健雏率提高，减少雏鸡阶段的发病。

2. 鸡霉形体感染（慢性呼吸道病）

鸡慢性呼吸道病又称鸡败血霉形体（支原体）感染，是由霉形体引起的一种呼吸道疾病，其特征是病程长，发展慢，临床上主要表现为呼吸啰音、咳嗽、鼻漏及气囊炎等。该病是养鸡业中常见的多发病。

临床症状　鸡感染败血霉形体时，病鸡表现采食量减少，生长发育迟缓，增重减慢，时有咳嗽、喷嚏和呼吸喘啰音、眼睛流泪，眼睑肿胀，严重的双眼紧闭，病鸡精神沉郁，低头缩颈站立（彩图5-16）。病程长的眼内见有大小不一的干酪样物，严重时压迫眼球可致使颜面肿胀，有时可见窦内渗出物呈干酪样，鼻孔常见浆性黏性分泌物。一般死亡率不高，若混合其他病原菌而感染则病程加重。成年鸡常呈隐性感染，产蛋下降，软壳蛋的比例增大，种蛋孵化率明显降低，孵出的弱雏率增加。

病理变化　病死鸡消瘦，发育不良。鼻道、气管、支气管表现卡他性炎症，黏膜肿胀，黏膜表面常见灰白色黏液。气囊壁增厚，出现一种珠状小点，内含干酪样物质。严重病例可见纤维素性或纤维素脓性的肝周炎和心包炎。

防治措施　加强鸡场的管理，改善鸡舍通风条件，做好病毒病的防治工作，减少应激因素等有利于防止本病的发生。

治疗慢性呼吸道病的药物有泰乐菌素、红霉素、北里霉素、金霉素、强力霉素、链霉素、庆大霉素、卡那霉素、新霉素、氯霉素、福乐星等，该病经常混合其他病菌感染，最好选择抗菌谱广的药物。

鸡群的净化　对来自无病原种鸡群的新培养的青年种鸡，4 月龄检查一次，间隔 90 d 内再检查一次，使用血清平板法，随时淘汰阳性鸡，以建立净化鸡群。对种蛋可考虑用浸蛋法和种蛋孵化前的热处理杀死蛋内的霉形体，但可影响孵化率。

疫苗防治　目前已有灭活苗和弱毒苗用于养鸡生产，防治鸡慢性呼吸道病有一定的效果。种鸡注射灭活苗可减少经蛋传递，降低第二代鸡的感染率。

3. 鸡白痢

鸡白痢是由鸡白痢沙门氏菌引起的各种年龄鸡只都可发生的一种传染病，雏鸡发病表现急性败血症经过，以发热、拉灰白色粥样或黏性液状粪便为特征；成年鸡发病以损害生殖系统为主的慢性或隐性感染为特征。

临床症状　鸡白痢由于感染对象不同，临床上表现不同的症状。

胚胎感染　用感染种蛋孵化，一般在孵化后期或出雏器中可见到已死亡的胚胎和即将垂死的弱雏。胚胎感染出壳后的雏鸡，一般在出壳后表现衰弱、嗜睡、腹部膨大、食欲丧失，绝大部分经1～2 d死亡。

雏鸡白痢　雏鸡在5～7日龄时开始发病，病鸡精神沉郁，低头缩颈，闭眼昏睡，羽毛松乱，食欲下降或不食，怕冷喜欢扎堆，嗉囊膨大充满液体。突出的表现是下痢，排出一种白色似石灰浆状的稀粪，并黏附于肛门周围的羽毛上。排便次数多，使肛门常被黏糊封闭，影响排便，病雏排粪时感到疼痛而发生尖叫声。有的病雏呼吸困难，伸颈张口。有的可见关节肿大，行走不便，跛行，有的出现眼盲。

青年鸡白痢　青年鸡白痢多见于40～80日龄的鸡，本病突然发生，整个鸡群食欲精神尚可，总见鸡群中不断出现精神、食欲差和下痢的鸡只，常突然死亡，死亡不见高峰，如果鸡群密度过大，环境卫生条件恶劣，饲养管理粗放，气候突变，饲料突然改变或品质低下等均可加强本病的发生和死亡。该病病程较长，可拖延20～30 d，死亡率达10%～20%。

成年鸡白痢　成年鸡白痢多是由雏鸡白痢的带菌者转化而来的，呈慢性或隐性感染，一般不见明显的临床症状，当鸡群感染比例较大时，明显影响产蛋量，产蛋高峰不高，维持时间短，种蛋的孵化率和出雏率均下降。有的鸡见鸡冠萎缩，有的鸡开产时鸡冠发育尚好，以后则表现出鸡冠逐渐变小、发绀。病鸡时有下痢。

防治措施

抗生素类药物　磺胺类以磺胺嘧啶、磺胺甲基嘧啶和磺胺二甲基嘧啶为首选药，在饲料中添加不超过0.05%，饮水中可用0.1%～0.2%，连续使用5 d后，停药3 d，再继续使用2～3次。

呋喃类药物　首选药为呋喃唑酮，在饲料中添加0.01%～

0.04%，连喂1周，或饮水0.02%～0.03%1周，停药3～5 d再继续使用。对鸡白痢均有较好的效果。其他抗菌药物如氯霉素、金霉素、庆大霉素、卡那霉素、氟哌酸等均较敏感，常用0.01%氯霉素拌料、氟哌酸0.01%～0.02%拌料投服5～6 d，或庆大霉素针剂饮水，雏鸡每天上下午各一次，每次用量1 000～1 500 IU，连饮4 d，可收到较好的治疗效果。污染严重的种鸡群可使用氯霉素拌料投服两个疗程，间隔1周，可明显降低阳性鸡带菌的比例。应考虑到有效药物可以在一定时间内交替、轮换使用，药物剂量要合理，防治要有一定的疗程。

微生物制剂　近年来微生物制剂在防治畜禽下痢方面有较好效果，这些制剂安全、无毒、不产生副作用，细菌不产生耐药性。常用的有促菌生、调痢生、乳酸菌等，在使用微生物制剂的同时及其前后4～5 d应该禁用抗菌药物。

预防　有计划地对种鸡群进行鸡白痢的检疫。用全血玻板凝集反应，在13周龄以后上笼前对种鸡进行检疫，产蛋6个月再检疫一次。将阳性鸡及可疑反应鸡全部淘汰，就可能使鸡白痢阳性群，逐步得到净化；孵化用的种蛋入孵前用甲醛熏蒸消毒，杀死附着在蛋壳上的鸡白痢病菌；为了防止在孵化器内感染，孵化器的清洁和消毒是非常重要的。每次孵化前将孵化器及蛋架彻底清理和洗刷干净，然后全部用甲醛熏蒸消毒。

4. 鸡传染性鼻炎

鸡传染性鼻炎是由副嗜血杆菌引起的一种呼吸道疾病，主要发生在秋冬季节的产蛋鸡，会影响鸡的产蛋并且诱发其他疾病。

病因　寒冷潮湿的季节，气温突然改变、鸡舍密度过大、通风不良、多种维生素的缺乏均可促进本病的发生，当健康鸡吸入病鸡喷出的含有病菌的飞沫时，亦可感染本病。

症状　病鸡初期，鼻中流出稀薄清水，严重时鼻中流出浆液性、黏液性的分泌物并有难闻的臭味；一侧或两侧眼眶周围组织肿胀,脸部水肿;食欲减退或不吃;可使产蛋量减少10%～40%。到后期鸡会极度消瘦、衰弱至死亡。

预防　唯一且最有效的预防方法是在120～130日龄时接种鸡传染性鼻炎灭活苗,即在每只鸡胸部肌内注射0.5 mL,免疫期可达6个月。

治疗　发病后,各种磺胺类药物和抗生素对本病均有较好疗效,但停药后往往可能复发。所以在使用一种药物治疗5 d后,应再换另一种药物继续治疗3 d;也可在首次治疗时,同时注射鼻炎灭活苗,以防本病复发。常用药物及治疗方法有:

链霉素　每只鸡肌内注射10万IU,每天2次,连用5 d;也可饮水,每只每次12万～15万IU,每天2次,连用5 d。

红霉素　每千克水中加1 g,连饮4～5 d。

复方泰乐菌素　每千克饮水中加2 g,连饮5 d。

复方新诺明　每千克饲料中加1 g,连用5 d。

此外,也可选用庆大霉素、卡那霉素、强力霉素、北里霉素、呼拉杀星等药物。

5. 鸡霍乱

症状　鸡精神沉郁,食欲不振,羽毛蓬乱,口流黏液。病鸡剧烈下痢,粪便为黄白色或灰绿色。肝脏肿大,呈土黄色,质地较软,稍触即碎,表面布满许多针尖大小的灰白色坏死点;肠黏膜充血、出血,十二指肠尤为明显,肠内容物呈棕红色,黏膜红肿并覆盖有纤维素性渗出物;心包积有淡黄色纤维素性渗出液;心外膜点状出血。

防治措施

隔离消毒　将病鸡隔离饲养,彻底清扫鸡舍后,然后用1∶300倍的百毒杀带鸡消毒。

治疗　对精神不振,不能采食的病鸡群选用2%盐酸环丙沙星多注射液,以每鸡0.5 mL肌内注射,每天2次,连用2～3 d。

发病鸡群和假定健康鸡群饲料中拌入0.05%的磺胺-6-甲氧嘧啶和0.01%的TMP，同时饮水中加入250倍稀释的普杀平溶液（主要成分为2.5%恩诺沙星）。

6.鸡坏死性肠炎

鸡坏死性肠炎由魏氏梭菌引起。1～4月龄的蛋雏鸡和育成鸡多发。病鸡精神萎靡；羽毛蓬松；食欲减退或废绝；粪变稀，暗黑色，混有血液；1～2 d死亡。

诱发因素　饲料突变或质量差或饲喂变质的动物性饲料；肠道损伤或球虫病；鸡舍潮湿、拥挤、卫生差；饲料中长时间添加抗生素；鸡肠道中缺乏葡萄糖酶后，饲料中有多量葡萄糖进入鸡体内发霉，促进魏氏梭菌大量繁殖。死亡率一般5%，严重可达30%。

病理剖检　嗉囊少量食物；病死鸡腹腔打开后闻有尸腐臭味；中后期肠道表面污灰黑色或污黑绿色；肠腔扩大、充气，肠壁增厚；内容物液状，有泡沫，黏膜充血；空肠段有少量出血点；有时肠内容物呈絮状团块，重病例肠黏膜呈弥漫性土黄色，干燥无光泽。

防治措施　加强饲料管理，不喂发霉变质饲料；做好兽医防疫工作；一旦发病尽早全群投药，0.1%氯霉素或0.04%痢特灵拌料，应适时添加适量抗球虫药。

四、寄生虫病的防治

1.鸡球虫病

鸡球虫病对雏鸡和育成鸡的危害十分严重，15～50日龄的雏鸡发生率高，死亡率可达80%以上。耐过的雏鸡生长缓慢，发育不良。成鸡多为带虫者，增重和产蛋受到一定影响。

病原为艾美耳球虫，我国已报道的有7种：柔嫩艾美耳球虫、毒害艾美耳球虫、堆艾美耳球虫、巨型艾美耳球虫、哈氏艾美耳球虫、和缓艾美耳球虫和早熟艾美耳球虫。前两种的致病力较强，其余的几种依次减弱。柔嫩艾美耳球虫寄生在盲肠黏膜内，称盲肠球虫。毒害艾美耳球虫寄生在小肠中段黏膜内,称小肠球虫。球虫卵的形态呈卵圆形、圆形或椭圆形。鸡球虫的感染过程是:从粪便排出的卵囊在适合的温度和湿度下,经1～2 d发育成感染性卵囊。这种卵囊被鸡吃了以后,子孢子游离出来,钻入肠上皮细胞内发育成裂殖子(无性生殖)、配子、合子(有性生殖)。合子周围形成一层被膜,被排出体外。鸡球虫在肠上皮细胞内不断进行有性和无性生殖,使上皮细胞遭受到严重破坏,逐渐引起发病。

临床症状

急性型　病程为2～3周,多见于雏鸡。发病初期精神沉郁,羽毛松乱,不爱活动;食欲废绝,鸡冠及可视黏膜苍白,逐渐消瘦;排水样稀便,并带有少量血液。若是盲肠球虫,则粪便呈棕红色,以后变成血便。雏鸡死亡率高达100%。

慢性型　多见于2～4月龄的雏鸡或成鸡,症状类似急性型,但不大明显。病程也较长,拖至数周或数月。病鸡逐渐消瘦,产蛋减少,间歇性下痢,但死亡较少。

防治措施　鸡舍要保持清洁干燥、通风良好,及时清除粪便及潮湿的垫料。饲槽、饮水器、用具和栖架要经常洗刷和消毒,减少感染机会。饲料中应保持有足够的维生素A和维生素K,以增强抵抗力,降低发病率。

治疗球虫病的药物很多,普遍使用的主要有:

氨丙啉　氨丙啉毒性小,预防量为每千克饲料添加40～250 mg,连用7 d,随后将浓度减半,再用14 d。

磺胺二甲氧密啶　磺胺二甲氧密啶毒性小,预防量为饲料或饮水中加入0.05%连用6 d;治疗量为预防量的倍量混饲或饮水连续3～7 d。

氯苯胍　氯苯胍反应小,每吨饲料拌入35 g混匀,连喂1～2个月。

2. 绦虫病

绦虫病是由赖利属的多种绦虫寄生于鸡的十二指肠中引起的，常见的赖利绦虫有棘沟赖利绦虫、四角赖利绦虫和有轮赖利绦虫等3种。各种年龄的鸡均能感染，17～40日龄的雏鸡易感性最强，死亡率也最高。

临床症状　严重感染时，病鸡出现消化障碍，往往下痢，食欲降低，精神沉郁，不爱活动，两翅下垂，被毛逆立，迅速消瘦，贫血，有时可见黏膜黄染。病雏鸡常因瘦弱或继发其他疾病而死亡；有的病鸡临死前出现神经症状。感染程度轻的雏鸡，可引起生长发育受阻。产蛋鸡严重感染时可引起产蛋量减少，甚至停产。

病理变化　十二指肠发炎，黏膜肥厚，肠腔内有多量黏液，恶臭，黏膜贫血，黄染。感染棘沟赖利绦虫时，肠壁上可见结核样结节，结节中央有米粒大小的凹陷，内可找到虫体或填满黄褐色干酪样物质，或形成疣状溃疡。肠腔中可发现乳白色分节的虫体。虫体前部节片细小，后部的节片较宽。

防治措施

硫双二氯酚　拌入饲料中喂服，每千克饲料100～200 mg，4 d后再喂服一次。

丙硫苯咪唑　拌入饮料中一次喂服，每千克饲料20 mg。

氯硝柳胺　拌入饮料中一次喂服，每千克饲料100～150 mg。

甲苯咪唑　拌入饲料中一次喂服，每千克饲料30 mg。

氢溴酸槟榔素　以3 mg/L的配成0.1%水溶液喂服。定期驱虫每年进行2～3次，搞好鸡舍环境卫生，粪便进行无害处理。

3. 鸡螨虫病

鸡螨虫病虽然不像某些病毒或细菌性传染病那样暴发后引起鸡的大批死亡，但鸡感染螨虫后常常出现生长发育迟缓，生产性能下降，致使饲养者经济效益变差甚至亏损。因而，对本病亦应给予足够的重视。

种类　能感染鸡的蠕虫种类很多,现仅将几种最常见且危害性较大的蠕虫病介绍如下:

(1)毛细线虫病　毛细线虫寄生在鸡的食道、嗉囊和小肠,虫体呈毛发状,长 13～19 mm,肉眼不易看见。虫卵呈橄榄形,两端有透明的卵塞。虫卵随鸡的粪便排出体外。

毛细线虫可寄生在消化道黏膜内,导致黏膜的损害。严重感染时,患鸡可出现腹泻、虚弱和贫血等,致使鸡的生长发育受阻,产蛋量下降,饲料报酬降低。

(2)鸡蛔虫病　鸡蛔虫常寄生于小肠中段,虫体较粗大,乳白色,头端有 3 片大唇。虫卵呈椭圆形,卵壳厚。成熟的雌虫每天可产约 5 000 个虫卵,随鸡的粪便排出。蛔虫的发育不需要中间宿主,为直接生活史型。

患鸡生长发育迟缓,产蛋量下降,饲料转换率低。鸡大量感染蛔虫时,会导致肠道阻塞或肠壁穿孔而死亡。

(3)绦虫病　上面已经详细介绍。

(4)盲肠虫病　盲肠虫的学名为鸡异刺线虫,它寄生在鸡盲肠的末端。虫体较小,长约 13 mm,头端向背侧弯曲,尾部尖且直。虫卵随鸡的粪便排出。盲肠虫为直接生活史型,鸡由于吞食感染性虫卵而感染。

盲肠虫严重感染时,可引起鸡的盲肠发炎和下痢。盲肠虫虫卵还常携带黑头病(盲肠肝炎)的病原体,即火鸡组织滴虫,充当黑头病的传播者。

诊断　一般可通过粪便检查以发现虫卵,再结合临床症状和流行病学资料作出综合性判断,也可进行剖检,以发现寄生于鸡体内的虫体而确诊。

防治　选用高效、广谱、安全的驱虫药对患鸡进行定期驱虫。目前较常用的驱虫药有:

左旋咪唑　剂量按每千克体重 25～40 mg,该药对毛细线虫、鸡蛔虫和盲肠虫等均有很好的驱虫效果。

丙硫苯咪唑 剂量按每千克体重 15 mg,该药对赖利绦虫等有特效。

良好的卫生措施对防制蠕虫病亦相当重要。另外,一些蠕虫的发育需要中间宿主参与,如果能使鸡没有机会或减少与中间宿主接触,或者将中间宿主杀灭,这对防制此类蠕虫病也是行之有效的。

4. 鸡白冠病

鸡白冠病又称鸡住白细胞虫病,是由住血孢子虫类的原虫在鸡体内寄生而引起的。寄生于鸡体内的主要是卡氏住白细胞原虫,是由库蠓和蚋传播的,雏鸡易感性最高。

病鸡精神沉郁,食欲废绝,流黏性口液。个别鸡口流暗红色血水,呼吸困难,两腿轻瘫,粪便呈绿色,贫血,冠和肉髯苍白。

病理变化 病鸡在解剖时,血液稀薄,不易凝固,肌肉色泽苍白,可见胸腿肌肉、胰脏、肠管外表面,心、肝、脾脏表面及腹部皮下脂肪表面有许多粟粒大小的出血小结节,肝脏及脾脏肿大、出血,表面有灰白色小坏死点,并与周围组织界限清楚。有的病死鸡的腹腔内有血凝块,肺明显淤血,气管内有血样黏液,肾脏肿大出血,心肌有出血点和灰白色小结节。

诊断 取病鸡血液做成涂片,用姬姆萨染色液染色,高倍镜检,发现红、白细胞内有裂殖体及大小不等的圆形配子体,还发现游离在血浆中的紫红色圆点状的裂殖子。根据临床症状,病理变化及镜检等,进行诊断。

治疗

25%的水溶性泰灭净,每袋 50 g,配水 125 kg,连饮 8 d。

饲料中添加痢特灵 0.04%,连喂 7 d。

饮水中添加维他利,每袋 100 g,配饮水 100 kg,连饮 5 d。

鸡舍内用 2.5%的溴氢菊酯以 3 000 倍水稀释喷雾消毒,以杀灭库蠓、蚋等昆虫，连续 1 周。

经采取上述措施，于就诊后的第三天开始症状减轻，食欲渐好转，1 周后死亡停止，鸡群转归正常，逐渐恢复健康。

5. 鸡虱

鸡虱个体较小，一般体长 1～5 mm，呈淡黄色或淡灰色，由头、胸、腹 3 部分组成，咀嚼式口器，头部一般比胸部宽，上有一对触角，由 3～5 节组成。有 3 对足，无翅。虱的种类很多，常见的寄生于鸡的有鸡大体虱、鸡头虱、鸡羽干虱等。

禽虱以家禽的羽毛和皮屑为食，有时也吞食皮肤损伤部位的血液。寄生量多时，禽体奇痒，因啄痒造成羽毛断折、脱落，影响休息，病鸡瘦弱，生长发育受阻，产蛋量下降。

防治　使用喷雾或药浴法：20％杀灭菊酯乳油按 3 000～4 000 倍用水稀释，或 2.5％敌杀死乳油（溴氰菊酯）按 400～500 倍用水稀释，或 10％二氯苯醚菊酯乳油按 4 000～5 000 倍用水稀释，直接向禽体上喷洒或药浴，均有良好效果。一般间隔 7～10 d 再用药一次，效果更好。阿维菌素按每千克体重 0.2 mg，混饲或皮下注射，均有良效。

五、鸡眼病的鉴别治疗

鸡眼病的种类多，它不是一个独立的病，而是某种疫病的局部症状表现与反应，轻者红肿、流泪、分泌物增多；重者糜烂、溃疡，角膜穿孔，失明，应鉴别诊断。

眼型马立克氏病（灰眼病）　眼虹膜色素消失，变为灰白色或蓝灰色（正常为青栗色或橙黄色）；瞳孔缩小，边缘不齐，呈锯齿状，严重者瞳孔消失，最后失明。

脑脊髓炎　后期眼球表面呈现一层灰白色膜，似白内障，双侧眼失明，雏鸡多发。

维生素 A 缺乏症　眼眶内渗出物呈牛乳状或豆腐渣状，角膜浑浊，双侧眼屎较多。防治：补充鱼肝油。

眼型鸡痘 当病变发生在眼部时，眼脓肿，可挤出凝团的干酪样物，单侧居多，慢性经过。

曲霉菌眼炎 雏鸡易感染，温暖潮湿季节多发。瞬膜下形成干酪样小球，眼睑鼓凸，角膜中央溃疡。防治：不喂发霉料，用制霉菌药物治疗。

支原体（霉形体）病 初期流泪，进而眼睑肿胀、结膜发红，渗出液由黏性变为脓性，下窦蓄有干酪样物，下眼睑黏着，眼球凸出，眼皮肿大。

传染性鼻炎 由上呼吸道蔓延到眼，头部显著浮肿，眼脓肿，分泌物逐渐增多，由浆液变成脓性，呈淡黄色。眼睑粘连、水肿，感染至眼球发炎而失明。以单侧眼居多。

氨气、硫化氢刺激引起的眼结膜炎角膜炎 防治：鸡舍内通风要良好，勤换垫料，不喂发霉饲料。

疫苗的刺激 疫苗滴眼反应，眼红肿、闭眼，含泪不流出，一般7 d之后自愈。

蛋鸡眼睛发生病变是多种疾病共有的症状，应鉴别诊断。如一时不能确诊，可对症治疗，以缓解症状。如3%的硼酸溶液冲洗，每天一次；外涂消炎药，如消炎散、金霉素眼药膏等。鸡患眼病一般是慢性经过，在治疗期间需补充鱼肝油。

本章重点提示：部分国家和地区禁止使用的药物

1. 欧盟禁用的兽药及其他化合物清单

阿伏霉素（avoparcin）、洛硝达唑（ronidazole）、卡巴多（carbadox）、喹乙醇（olaquindox）、杆菌肽锌（bacitracin zinc）（禁止作饲料添加药物使用）、螺旋霉素（spiramycin）（禁止作饲料添加药物使用）、维吉尼亚霉素（virginiamycin）（禁止作饲料添加药物使用）、磷酸泰乐菌素（tylosin phosphate）（禁止作饲料添加药物使用)、阿普西特(arprinocide)、二硝托胺(dinitolmide)、异丙硝唑(ipronidazole)、氯羟吡啶(meticlopidol)、氯羟吡啶/苄氧喹甲酯(meticlopidol/mehtylbenzoquate)、氨丙啉(amprol)、氨丙啉/乙氧酰胺苯甲酯(amprol)、地美硝唑(dimetridazole)、尼卡巴嗪(nicarbazin)、二苯乙烯类(stilbenes)及其衍生物、盐和酯,如乙烯雌酚(diethylstilbestrol)等;抗甲状腺类药物(antithyroid agent),如甲巯咪唑(thiamazol)、普萘洛尔(propranolol)等;类固醇类(steroids),如雌激素(estradiol),雄激素(testosterone),孕激素(progesterone)等;二羟基苯甲酸内酯(resorcylic acid lactones),如玉米赤霉醇(zeranol);β-兴奋剂类(β-agonists),如克仑特罗(clenbuterol)、沙丁胺醇(salbutamol)、喜马特罗(cimaterol)等;马兜铃属植物(aristolochia spp.)及制剂;氯霉素(chloramphenicol)、氯仿(chlorform)、氯丙嗪(chlorpromazine)、秋水仙碱(colchicine)、氨苯砜(dapsone)、甲硝咪唑(metronidazole)、硝基呋喃类(nitrofurans)

2. 美国禁止食品动物使用的兽药及其他化合物清单

氯霉素(chloramphenicol)、克仑特罗(clenbuerol)、乙烯雌酚(diethylstilbestrol)、地美硝唑(dimetridazole)、异丙硝唑(ipronidazole)、其他硝基咪唑类(other nitroimidazoles)、呋喃唑酮(furazolidone)(外用除外)、呋喃西林(nitrofurazone)(外用除外)、氟喹诺酮类(fluoroquinolones)(沙星类)、糖肽类抗生素(glycopeptides),如万古霉素(vancomycin)、阿伏霉素(avoparcin)。

3. 日本对动物性食品重点监控的兽药及其他化合物清单

氯羟吡啶(clopidol)、磺胺喹噁啉(sulfaquinoxaline)、氯霉素(chloramphenicol)、磺胺甲基嘧啶(sulfamerazine)、磺胺二甲嘧啶(sulfadime thoxine)、磺胺-6-甲氧嘧啶(sulfamonome thoxine)、噁喹酸(oxolinic acid)、乙胺嘧啶(pyrimethamine)、尼卡巴嗪(nicarbazin)、双呋喃唑酮(DFZ)、阿伏霉素(avoparcin)。

4. 香港地区禁用的兽药及其他化合物清单

氯霉素(chloramphenicol)、克仑特罗(clenbuterol)、乙烯雌酚(diethylstilbestrol)、沙丁胺醇(salbutamol)、阿伏霉素(auoparcin)、乙二烯雌酚(dienoestrol)、乙烷雌酚(hexoestrol)。

附 录

附录一 无公害食品——蛋鸡饲养管理准则 (NY/T 5043—2001)

1 范围

本标准规定了生产无公害鸡蛋过程中引种、环境、饲料、用药、免疫、消毒、鸡蛋收集、废弃物处理各环节的控制。

本标准适用于商品代蛋鸡场,种鸡场出售商品鸡蛋可参照本标准执行。

2 规范性引用文件

下列文件中的条款通过本标准的引用而成为本标准的条款。凡是注日期的引用文件,其随后所有的修改单(不包括勘误的内容)或修订版均不适用于本标准,然而,鼓励根据本标准达成协议的各方研究是否可使用这些文件的最新版本。凡是不注日期的引用文件,其最新版本适用于本标准。

GB 2748 蛋卫生标准

GB 16548 畜禽病害肉尸及其产品无害化处理规程

SB/T 10277 鲜鸡蛋

NY/T 388 畜禽场环境质量标准

NY 5027 无公害食品畜禽饮用水水质

NY 5040 无公害食品蛋鸡饲养兽药使用准则

NY 5041 无公害食品蛋鸡饲养兽医防疫准则

NY 5042 无公害食品蛋鸡饲养饲料使用准则

3 术语

下列术语和定义适用于本标准。

3.1 无精蛋 none-fertilized eggs：没有受精的种蛋。

3.2 死精蛋 dead fertilized eggs：在孵化初期胚胎死亡的种蛋。

3.3 净道 none-pollution road：运送饲料、鸡蛋和人员进出的道路。

3.4 污道 pollution road：粪便、淘汰鸡出场的道路。

3.5 鸡场废弃物 poultry farm waste：主要包括鸡粪（尿）、死鸡和孵化厂废弃物（蛋壳、死胚等）。

3.6 全进全出制 all-in all-out system：同一鸡舍或同一鸡场只饲养同一批次的鸡，同时进场、同时出场的管理制度。

4 引种

4.1 商品代雏鸡应来自通过有关部门验收的父母代种鸡场或专业孵化厂。

4.2 雏鸡不能带鸡白痢、禽白血病和霉形体病等蛋传疾病要严格控制。

4.3 不得从疫区购买雏鸡。

5 鸡场环境与工艺

5.1 鸡场环境

鸡场周围环境、空气质量除符合 NY/T 388 外，还应符合以下条件：

a)鸡场周围 3 km 内无大型化工厂、矿厂或其他畜牧场等污染源；

b)鸡场距离干线公路 1 km 以上。鸡场距离村、镇居民点至少 1 km 以上；

c)鸡场不得建在饮用水源、食品厂上游。

5.2 禽舍环境

5.2.1 鸡舍内的温度、湿度环境应满足鸡不同阶段的需求，以降低鸡群发生疾病的机会。

5.2.2 鸡舍内空气中有毒有害气体含量应符合 NY/T 388 的要求。

5.2.3 鸡舍内空气中灰尘控制在 4 mg/m^3 以下，微生物数量应控制在 25 万/m^3 以下。

5.3 工艺布局

5.3.1 鸡场净道和污道要分开。

5.3.2 鸡场周围要设绿化隔离带。

5.3.3 全进全出制度，至少每栋鸡舍饲养同一日龄的同一批鸡。

5.3.4 鸡场生产区、生活区分开，雏鸡、成年鸡分开饲养。

5.3.5 鸡舍应有防鸟设施。

5.3.6 鸡舍地面和墙壁应便于清洗，并能耐酸、碱等消毒药液清洗消毒。

6 饲养条件

6.1 饮水

6.1.1 水质符合 NY 5027 的要求。

6.1.2 经常清洗消毒饮水设备，避免细菌孳生。

6.2 饲料和饲料添加剂

6.2.1 使用符合无公害标准的全价饲料，建议参考使用饲养品种饲养手册提供的营养标准。

6.2.2 额外添加预防应激的维生素添加剂、矿物质添加剂应符合

NY 5042 的要求。

6.2.3 不应在饲料中额外添加增色剂，如砷制剂、铬制剂、蛋黄增色剂、铜制剂、活菌制剂、免疫因子等。

6.2.4 不应使用霉败、变质、生虫或被污染的饲料。

6.3 兽药使用

6.3.1 雏鸡、育成鸡前期为预防和治疗疾病使用的药物，应符合 NY 5040 的要求。

6.3.2 育成鸡后期（产蛋前）停止用药，停药时间取决于所用药物，但应保证产蛋开始时药物残留量符合要求。

6.3.3 产蛋阶段正常情况下禁止使用任何药物，包括中草药和抗菌素。

6.3.4 产蛋阶段发生疾病应用药治疗时，从用药开始到用药结束后一段时间内（取决于所用药物，执行无公害食品蛋鸡饲养用药规范）产的鸡蛋不得作为食品蛋出售。

6.4 免疫

鸡群的免疫要符合 NY 5041 的要求。

7 卫生消毒

7.1 消毒剂

消毒剂要选择对人和鸡安全、对设备没有破坏性、没有残留毒性、消毒剂的任一成分都不会在肉或蛋里产生有害积累的消毒剂。所用药物要符合 NY 5040 的规定。

7.2 消毒制度

7.2.1 环境消毒

鸡舍周围环境每 2～3 周用 2％火碱液消毒或撒生石灰 1 次；场周围及场内污水池、排粪坑、下水道出口，每 1～2 个月用漂白粉消毒 1 次。在大门口设消毒池，使用 2％火碱或煤酚皂溶液。

7.2.2 人员消毒

工作人员进入生产区要经过洗澡、更衣和紫外线消毒。

7.2.3 鸡舍消毒

进鸡或转群前将鸡舍彻底清扫干净，然后用高压水枪冲洗，再用0.1%的新洁尔灭或4%来苏水或0.2%过氧乙酸或次氯酸盐、碘附等消毒液全面喷洒，然后关闭门窗用福尔马林熏蒸消毒。

7.2.4 用具消毒

定期对蛋箱、蛋盘、喂料器等用具进行消毒，可先用0.1%新洁尔灭或0.2%～0.5%过氧乙酸消毒，然后在密闭的室内用福尔马林熏蒸消毒30 min以上。

7.2.5 带鸡消毒

定期进行带鸡消毒，有利于减少环境中的微生物和空气中的可吸入颗粒物。常用于带鸡消毒的消毒药有0.3%过氧乙酸、0.1% 新洁尔灭、0.1%的次氯酸钠等。带鸡消毒要在鸡舍内无鸡蛋的时候进行，以免消毒剂喷洒到鸡蛋表面。

8 饲养管理

8.1 饲养员

饲养员应定期进行健康检查，传染病患者不得从事养殖工作。

8.2 加料

饲料每次添加量要合适，尽量保持饲料新鲜，防止饲料霉变。

8.3 饮水

饮水系统不能漏水，以免弄湿垫料或粪便。定期清洗消毒饮水设备。

8.4 鸡蛋收集

8.4.1 盛放鸡蛋的蛋箱或蛋托应经过消毒。

8.4.2 集蛋人员集蛋前要洗手消毒。

8.4.3 集蛋时将破蛋、砂皮蛋、软蛋、特大蛋、特小蛋单独存放,不作为鲜蛋销售,可用于蛋品加工。

8.4.4 鸡蛋在鸡舍内暴露时间越短越好,从鸡蛋产出到蛋库保存不得超过 2 h。

8.4.5 鸡蛋收集后立即用福尔马林熏蒸消毒,消毒后送蛋库保存。

8.4.6 鸡蛋应符合蛋卫生标准 GB 2748 和鲜鸡蛋 SB/T 10277 的要求。

8.5 灭鼠

定期投放灭鼠药,控制啮齿类动物。投放鼠药要定时、定点,及时收集死鼠和残余鼠药并做无害化处理。

8.6 杀虫

防止昆虫传播传染病,常用高效低毒化学药物杀虫。喷洒杀虫剂时避免喷洒到鸡蛋表面、饲料中和鸡体上。

9 鸡蛋包装运输

9.1 鸡蛋可用一次性纸蛋盘或塑料蛋盘盛放。盛放鸡蛋的用具使用前应经过消毒。

9.2 纸蛋托盛放鸡蛋应用纸箱包装,每箱 10 盘或 12 盘。纸箱可重复使用,使用前要用福尔马林熏蒸消毒。

9.3 运送鸡蛋的车辆应使用封闭货车或集装箱,不得让鸡蛋直接暴露在空气中进行运输。车辆事先要用消毒液彻底消毒。

10 资料

每批鸡要有完整的记录资料。记录内容应包括引种、饲料、用药、免疫、发病和治疗情况、饲养日记,资料保存期 2 年。

11 病、死鸡处理

11.1 传染病致死的鸡及因病扑杀的死尸应按 GB 16548 要求进行无公害处理。

11.2 鸡场不得出售病鸡、死鸡。

11.3 有救治价值的病鸡应隔离饲养，由兽医进行诊治。

12 废弃物处理

12.1 鸡场废弃物经无害化处理后可以作为农业用肥。处理方法有堆积生物热处理法、鸡粪干燥处理法。

12.2 鸡场废弃物经无害化处理后不得作为其他动物的饲料。

12.3 孵化厂的副产品无精蛋不得作为鲜蛋销售，可以作为加工用蛋。

12.4 孵化厂的副产品死精蛋可以用于加工动物饲料，不得作为人类食品加工用蛋。

附录二 无公害食品——蛋鸡饲养饲料使用准则 (NY 5042—2001)

1 范围

本标准规定了生产无公害鸡蛋所需的蛋鸡配合饲料、浓缩饲料、添加剂预混合饲料、饲料添加剂和饲料原料的技术要求，及其加工过程、包装、贮存和运输的基本准则。

本标准适用于生产无公害鸡蛋所需的蛋鸡用配合饲料、浓缩饲料、添加剂预混合饲料、饲料添加剂和饲料原料以及生产无公害鸡蛋养殖场的自配饲料。

2　规范性引用文件

下列文件中的条款通过奉标准的引用而成为本标准的条款。凡是注日期的引用文件，其随后所有的修改单(不包括勘误的内容)或修订版均不适用于本标准，然而，鼓励根据本标准达成协议的各方研究是否可使用这些文件的最新版本。凡是不注日期的引用文件，其最新版本适用于本标准。

GB/T 6432 饲料中粗蛋白测定方法

GB/T 6136 饲料中钙的测定方法

GB/T 6437 饲料中总磷的测定方法光度法

GB/T 8381 饲料中黄曲霉素 B_1 的测定方法

GB/T 10647 饲料工业通用术语

GB 10648 饲料标签

GB 13078 饲料卫生标准

GB/T 13079 饲料中总砷的测定方法

GB/T 13080 饲料中铅的测定方法

GB/T 13081 饲料中汞的测定方法

GB/T 13082 饲料中镉的测定方法

GB/T 13083 饲料中氟的测定方法

GB/T 13084 饲料中氰化物的测定方法

GB/T 13085 饲料中亚硝酸盐的测定方法

GB/T 13086 饲料中游离棉酚的测定方法

GB/T 13087 饲料中异硫氰酸酯的测定方法

GB/T 13089 饲料中噁唑烷硫酮的测定方法

GB/T 13090 饲料中六六六、滴滴涕残留量的测定

GB/T 13091 饲料中沙门氏菌的检验方法

GB/T 13092 饲料中霉菌检验方法

GB/T 13093 饲料中细菌总数的测定方法

GB/T 14699 饲料采样方法

GB/T 16761 配合饲料企业卫生规范

饲料和饲料添加剂管理条例项式　允许使用的饲料添加剂品种目录(中华人民共和国农业部公告第105号)。

3　术语和定义

GB/T 10647 中确立的以及下列术语和定义适用于本标准。

3.1　饲料

经工业化加工、制作的供动物食用的饲料,包括单一饲料、添加剂预混合饲料、浓缩饲料、配合饲料和精料补充料。

3.2　饲料原料 feedstuff,single feed

除饲料添加剂以外的用于生产配合饲料和浓缩饲料的单一饲料成分,包括饲用谷物、粮食加工副产品、油脂工业副产品、发酵工业副产品、动物性蛋白质饲料、饲用油脂等。

3.3　饲料添加剂 feed additive

在饲料加工、制作、使用过程中添加的少量或者微量物质,包括营养性饲料添加剂和一般性饲料添加工。

3.4　营养性饲料添加剂 nutritive feed additive

用于补充饲料营养成分的少量或者微量物质,包括饲料级氨基酸、维生素、矿物质微量元素、酶制剂、非蛋白氮等。

3.5　一般性饲料添加剂 general feed additive

为了保证或者改善饲料品质、提高饲料利用率而掺入饲料中的少量或者微量物质。

3.6　药物饲料添加剂 medical feed additive

为预防、治疗动物疾病并掺入载体或者稀释剂的兽药的预混物,包括抗球虫药类、驱虫剂类、抑菌促生长类等。

4 要求

4.1 饲料原料

4.1.1 感官要求:应具有一定的新鲜度,具有该品种应有的色、嗅、味和组织形态特征,无发霉、变质、结块及异味异嗅。

4.1.2 有害物质及微生物允许量应符合 GB 13078 及相关标准的要求。

4.1.3 饲料原料中若加入饲料添加剂时,应做相应的说明。

4.1.4 应以玉米、豆饼(粕)为蛋鸡饲料的主要原料,使用杂饼粕时用量不宜过大。

4.1.5 制药工业副产品不应用作蛋鸡饲料原料。

4.2 饲料添加剂

4.2.1 感官要求:具有该品种应有的色、嗅、味和组织形态特征,无异味、异嗅。

4.2.2 有害物质及微生物允许量应符合 GB 13078 及相关标准的要求。

4.2.3 饲料中使用的营养性饲料添加剂和一般性饲料添加剂产品应是附录 A 所规定的品种和农业部公布的允许使用的新饲料添加剂。

4.2.4 饲料中使用的饲料添加剂产品应是取得饲料添加剂产品生产许可证的企业生产的、取得产品批准文号的产品。

4.2.5 饲料添加剂的使用应遵照产品饲料标签所规定的用法、用量使用。

4.2.6 产蛋期及开产前;周鸡饲料中不应使用药物饲料添加剂(中草药有特殊规定的除外)。

4.3 配合饲料、浓缩饲料和添加剂预混合饲料

4.3.1 感官要求:色泽应一致,无霉变、结块及异味、异嗅。

4.3.2 有害物质及微生物允许量应符合 GB 13078 及相关标准

的要求。

4.3.3 不应使用违禁药物。

4.3.4 不应使用药物饲料添加剂。

4.3.5 产品成分分析保证值应符合标签和相应标准所规定的含量。

4.3.6 使用时应遵照产品饲料标签所规定的用法、用量使用。

4.3.7 宜使用植酸酶减少无机磷的用量。

4.4 饲料加工过程

4.4.1 卫生要求

饲料企业的工厂设计与设施卫生、工厂卫生管理和生产过程的卫生应符合 GB/T 16764 的要求。

4.4.2 配料

4.4.2.1 定期对计量设备进行检验和正常维护,以确保其精确性和稳定性,其误差不应大于规定范围。

4.4.2.2 微量和极微量组分应进行预稀释,并且应在专门的配料室内进行。

4.4.2.3 配料室应有专人管理,保持卫生整洁。

4.4.3 混合

4.4.3.1 混合时间,按设备性能不应少于规定时间。

4.4.3.2 混合工序投料应按先大量、后小量的原则进行。投入的微量组分应将其稀释到配料称最大称量的5%以上。

4.4.3.3 生产含有药物饲料添加剂的饲料时,应根据药物类型,先生产药物含量低的饲料,再依次生产药物含量高的饲料。

4.4.3.4 同一班次应先生产不添加药物饲料添加剂的饲料,然后生产添加药物饲料添加剂的饲料。为防止加入药物饲料添加剂的饲料产品生产过程中的交叉污染,在生产不同加入药物添加剂的饲料产品时,对所用的生产设备、工具、容器应进行彻底清理。

4.4.4 留样

4.4.4.1 新接受的饲料原料和各个批次生产的饲料产品均应保留样品。样品密封后留置专用样品室或样品柜内保存。样品室和样品柜应保持阴凉、干燥。采样方法按 GB/T 14699 执行。

4.4.4.2 留样应设标签，载明饲料品种、生产日期、批次、生产负责人和采样人等事项，并建立档案由专人负责保管。

4.4.4.3 样品应保留至该批产品保质期满后 3 个月。

5 测定方法

5.1 粗蛋白：按 GB/T 6432 执行。

5.2 钙：按 GB/T 6436 执行。

5.3 总磷：按 GB/T 6437 执行。

5.4 黄曲霉毒素 B_1：按 GB 8381 执行。

5.5 总砷：按 GB/T 13079 执行。

5.6 铅：按 GB/T 13080 执行。

5.7 汞：按 GB/T 13081 执行。

5.8 镉：按 GB/T 13082 执行。

5.9 氟：按 GB/T 13083 执行。

5.10 氰化物：按 GB/T 13084 执行。

5.11 亚硝酸盐：按 GB/T 13083 执行。

5.12 游离棉酚：按 GB/T 13086 执行。

5.13 异硫氰酸酯：按 GB/T13087 执行。

5.14 噁唑烷硫酮：按 GB/T 13089 执行。

5.15 六六六、滴滴涕：按 GB/T 13090 执行。

5.16 沙门氏菌：按 GB/T 13091 执行。

5.17 霉菌：按 GB/T 13092 执行。

5.18 细菌总数：按 GB/T 13093 执行。

5.19 饲料采样方法：按 GB/T 14699 执行。

6 检验规则

6.1 感官要求、粗蛋白含量、钙含量、总磷含量为出厂检验项目，其余为型式检验项目。

6.2 在保证产品质量的前提下，生产厂可根据工艺、设备、配方、原料等的变化情况，自行确定出厂检验的批量。

6.3 试验测定值的双试验相对偏差按相应标准规定执行。

6.4 检测与仲裁判定各项指标合格与否时，应考虑允许误差。

7 判定规则

卫生指标、限用药物、禁用药物等为判定合格指标。如检验中有一项指标不符合标准，应重新取样进行复验，复验结果中有一项不合格即判定为不合格。

8 标签和包装

8.1 标签

商品饲料应在包装物上附有饲料标签，标签应符合 GB 10648 中的有关规定。

8.2 包装

8.2.1 饲料包装应完整，无漏洞，无污染和异味。

8.2.2 包装材料应符合 GB/T 16764 的要求。

8.2.3 包装印刷油墨无毒，不应向内容物渗漏。

8.2.4 包装物的重复使用应遵守《饲料和饲料添加剂管理条例》的有关规定。

8.3 贮存

8.3.1 饲料的贮存应符合 GB/T 16764 的要求。

8.3.2 不合格和变质饲料应做无害化处理，不应存放在饲料贮存场所内。

8.3.3　饲料贮存场地不应使用化学灭鼠药和杀鸟剂。

8.4　运输

8.4.1　运输工具应符合 GB/T 16764 的要求。

8.4.2　运输作业应防止污染，保持包装的完整性。

8.4.3　不应使用运输畜禽等动物的车辆运输饲料产品。

8.4.4　饲料运输工具和装卸场地应定期清洗和消毒。

附录三　无公害食品——蛋鸡饲养兽药使用准则 (NY 5040—2001)

1　范围

本标准规定了生产无公害食品的蛋鸡饲养兽药使用准则和允许使用的兽药种类、剂型、用法与用量、休药期、注意事项。

本标准适用于生产无公害食品的蛋鸡的饲养、管理和认证。

2　规范性引用文件

下列文件中的条款通过本标准的引用而成为本标准的条款。凡是注日期的引用文件，其随后所有的修改单(不包括勘误的内容)或修订版均不适用于本标准，然而，鼓励根据本标准达成协议的各方研究是否可使用这些文件的最新版本。凡是不注日期的引用文件，其最新版本适用于本标准。

NY/T 388 畜禽场环境质量标准

NY 5027 无公害食品 畜禽饮用水水质

NY 5039 无公害食品 鸡蛋

NY 5041 无公害食品 蛋鸡饲养兽医防疫准则

NY 5042 无公害食品 蛋鸡饲养饲料使用准则

NY/T 5043 无公害食品 蛋鸡饲养管理准则

中华人民共和国兽药典

中华人民共和国兽药规范

兽用生物制品质量标准

中华人民共和国动物防疫法

兽药管理条例

进口兽药质量标准

兽药质量标准(第一册)

兽药质量标准(第二册)

饲料药物添加剂使用规范

3 术语和定义

下列术语和定义适用于本标准。

3.1 蛋鸡 layer

人工养殖的长大后用于生产供人类食用蛋的鸡。

3.2 幼雏/中雏期 chickling period

从孵化出到接近10周龄的一段时期。

3.3 育成期 replacement period

从10周龄到产第一枚蛋(大约20周龄)的一段时期。

3.4 产蛋期 egg producing period

从产第一枚蛋至产蛋周期结束。

3.5 兽药 veterinary medicine

用于预防、治疗、诊断畜禽等动物疾病,有目的地调节其生理机能并规定作用、用途、用法、用量的物质(含饲料药物添加剂)。包括:

a)血清、菌(疫)苗、诊断液等生物制品;

b)兽用的中药材、中成药、化学原料及其制剂;

c)抗生素、生化药品、放射性药品。

3.6　抗菌药 antibacterial drugs

能够抑制或杀灭病原菌的药物，其中包括中药材、中成药、抗生素及其制剂。

3.7　抗寄生虫药 antiparasitic drugs

能够驱除或杀灭动物体内、体外寄生虫的药物，其中包括中药材、中成药、化学药品、抗生素及其制剂。

3.8　药物饲料添加剂 medicated drug addition

为了预防、治疗动物疾病而掺入载体或者稀释剂的兽药的预混物，包括抗球虫药类、驱虫剂类、抑菌促生长类等。

3.9　疫苗 vaccine

由特定细菌、病毒、立克次氏体、螺旋体、支原体等微生物以及寄生虫制成的主动免疫制品。

3.10　消毒防腐剂 disinfectant and preservative

用于杀灭环境中的有害微生物、防止疾病发生和传染的药物。

3.11　休药期 withdrawal period

食品动物从停止给药到许可屠宰或它们的产品（乳、蛋）许可上市的间隔时间。

3.12　弃蛋期 withdrawal period for eggs

蛋鸡从停止给药到它们所产的蛋许可上市的间隔时间。

4　使用准则

蛋鸡饲养环境应符合 NY/T 388 的规定。所用饲料和饮用水应符合 NY 5042 和 NY 5027 规定。应按照 NY/T 5043 加强饲养管理，采取各种措施以减少应激，增强动物自身的免疫力。应按照《中华人民共和国动物防疫法》和 NY 5041 的规定对蛋鸡进行免疫，建立严格的生物安全体系，防止蛋鸡发病和死亡，最大限度地减少化学药品和抗生素的使用。蛋鸡疾病以预防为主，必要时，经准确诊断后用药。在对蛋鸡进行预防、诊断和治疗疾病时所用的兽药必须符合《中华人民共和国兽药典》、《中华人民共和国兽药规范》、《兽药质量标准》、《兽用生物制品质量标准》、《进口兽药质量标准》和《饲料药物添加剂使用规定》的相关规定。所用兽药必须来自具有《兽药生产许可证》和产品批准文号的生产企业;或者具有《进口兽药许可证》的供应商。所用兽药的标签必须符合《兽药管理条例》的规定。蛋鸡生产的鸡蛋应符合 NY 5039 的规定。

使用兽药时还应遵循以下原则:

4.1 必须使用符合《兽用生物制品质量标准》规定的疫苗对蛋鸡进行免疫,并符合 NY 5041 的要求。

4.2 允许使用消毒防腐剂对饲养环境、厩舍和器具进行消毒。但不能使用酚类消毒剂;产蛋期禁止使用酚类、醛类消毒剂;应符合 NY/T 5043 的规定。

4.3 允许在兽医指导下使用《中华人民共和国兽药典》二部中列出的可用于鸡的兽用中药材、中药成方制剂,应充分考虑产蛋期用药对鸡蛋残留量的影响。

4.4 允许在兽医指导下使用符合《中华人民共和国兽药典》、《中华人民共和国兽药规范》、《兽药质量标准》和《进口兽药质量标准》的常量、微量元素补充药,营养药,电解质补充药,维生素类药和助消化药。

4.5 允许使用国家兽药管理部门批准的微生态制剂。

4.6 允许使用附录 A 中的治疗药和预防药,使用中应注意以下几点:

a)治疗药物需凭兽医处方购买,并在兽医指导下使用;

b)抗球虫药应以轮换或穿梭方式使用,以免产生抗药性;

c)严格遵守规定的作用与用途、使用剂量、疗程、注意事项;

d)休药期不得少于附录 A 中规定的时间;

e)附录 A 中未规定休药期的品种应遵守肉不应少于 28 天,蛋不应少于 7 天的规定;

f)产蛋期允许在兽医指导下使用治疗药物，但弃蛋期内所产鸡蛋不得供人类食用；

g)禁止在整个产蛋期鸡饲料中添加药物饲料添加剂。

4.7 禁止使用有致畸、致癌、致突变作用的兽药。

4.8 禁止在饲料中长期添加药物。

4.9 禁止使用未经农业部批准或已经淘汰的兽药。

4.10 禁止使用会对环境造成严重污染的兽药。

4.11 禁止使用激素类或其他有激素作用的物质及催眠镇静类药物。

4.12 禁止使用未经国家畜牧兽医行政管理部门批准的用基因工程方法生产的兽药。

4.13 实施无公害食品蛋鸡饲养兽药使用准则的全部过程均要求建立详细记录。所有记录资料应在清群后保存两年以上。

4.13.1 建立并保存免疫程序记录，包括疫苗种类、使用方法、剂量、批号、生产单位。

4.13.2 建立并保存患病动物的预防和治疗记录，包括发病时间及症状、预防或治疗用药的经过、药物种类、使用方法及剂量、治疗时间、疗程、所用药物的商品名称及主要成分、生产单位及批号、治疗效果等。

附录 A

(规范性附录)

允许使用的饲料添加剂品种目录

类　别	饲料添加剂名称
饲料级氨基酸 7 种	*L*-赖氨酸盐酸盐,*DL*-蛋氨酸,*DL*-羟基蛋氨酸,*DL*-羟基蛋氨酸钙,*N*-羟甲基蛋氨酸,*L*-色氨酸,*L*-苏氨酸
饲料级维生素 26 种	*β*-胡萝卜素,维生素 A,维生素 A 乙酸酯,维生素 A 棕榈酸酯,维生素 D_3,维生素 E,维生素 E 乙酸酯,维生素 K_3(亚硫酸氢钠甲萘醌),二甲基嘧啶醇亚硫酸甲萘醌,维生素 B_1(盐酸硫胺),维生素 B_1(硝酸硫胺),维生素 B_2(核黄素),维生素 B_6,烟酸,烟酰胺,*D*-泛酸钙,*DL*-泛酸钙,叶酸,维生素 B_{12}(氰钴胺),维生素 C(*L*-抗坏血酸),*L*-抗坏血酸钙,*L*-抗坏血酸-2-磷酸酯,*D*-生物素,氯化胆碱,*L*-肉碱盐酸盐,肌醇
饲料级矿物质、微量元素 46 种	硫酸钠,氯化钠,磷酸二氢钠,磷酸氢二钠,磷酸二氢钾,磷酸氢二钾,碳酸钙,氯化钙,磷酸氢钙,磷酸二氢钙,磷酸三钙,乳酸钙,七水硫酸镁,一水硫酸镁,氧化镁,氯化镁,七水硫酸亚铁,一水硫酸亚铁,三水乳酸亚铁,六水柠檬酸亚铁,富马酸亚铁,甘氨酸铁,蛋氨酸铁,五水硫酸铜,一水硫酸铜,蛋氨酸铜,七水硫酸锌,一水硫酸锌,无水硫酸锌,氧化锌,蛋氨酸锌,一水硫酸锰,氯化锰,碘化钾,碘酸钾,碘酸钙,六水氯化钴,一水氯化钴,亚硒酸钠,酵母铜,酵母铁,酵母锰,酵母硒,酵母铬,甲基吡啶铬,烟酸铬,酵母铬

续表

类　别	饲料添加剂名称
饲料级酶制剂 12 类	蛋白酶(黑曲霉,枯草芽孢杆菌),淀粉酶(地衣芽孢杆菌,黑曲霉),支链淀粉酶(嗜酸乳杆菌),果胶酶(黑曲霉),脂肪酶,纤维素酶(reesei 木霉);麦芽糖酶(枯草芽孢杆菌),木聚糖酶(insolens 腐质霉),β-聚葡糖酶(枯草芽孢杆菌,黑曲霉),甘露聚糖酶(缓慢芽孢杆菌);植酸酶(黑曲霉,米曲霉),葡萄糖氧化酶(青霉)
饲料级微生物添加剂 11 种	干酪乳杆菌,植物乳杆菌,粪链球菌,乳酸片球菌,枯草芽孢杆菌,纳豆芽孢杆菌,嗜酸乳杆菌,乳链球菌,啤酒酵母菌,产朊假丝酵母,沼泽红假单胞菌
抗氧剂 4 种	乙氧基喹啉,二丁基羟基甲苯(BHT),丁基羟基茴香醚(BHA),没食子酸丙酯
防腐剂,电解质平衡剂 25 种	甲酸,甲酸钙,甲酸铵,乙酸,双乙酸钠,丙酸,丙酸钙,丙酸钠,丙酸铵,丁酸,乳酸,苯甲酸,苯甲酸钠,山梨酸,山梨酸钠,山梨酸钾,富马酸,柠檬酸,酒石酸,苹果酸,磷酸,氢氧化钠,碳酸氢钠,氯化钾,氢氧化铵
着色剂 6 种	β-阿朴-8′-胡萝卜素醛,辣椒红,β-阿朴-8′-胡萝卜素酸乙酯,虾青素,β-胡萝卜素-4,4-二酮(斑蝥黄),叶黄素(万寿菊花提取物)
粘结剂、抗结块剂和稳定剂 13 种(类)	α-淀粉,海藻酸钠,羧甲纤维素钠,丙二醇,二氧化硅,硅酸钠,三氧化二铝,蔗糖脂肪酸酯,山梨醇酐脂肪酸脂,甘油脂肪酸酯,硬脂酸钙,聚氧乙烯 20 山梨醇酐单油酸酯,聚丙烯酸树脂Ⅱ
其他 10 种	糖萜素,甘露低聚糖,肠膜蛋白素,果寡糖,乙酰氧肟酸,天然类固醇萨洒皂角苷(YUCCA),大蒜素,甜菜碱,聚乙烯聚吡咯烷酮(PVPP),葡萄糖山梨醇

注:引自允许使用的饲料添加剂品种目录。

参考文献

[1] 邱祥聘,杨山.家禽学.3版,成都:四川科学技术出版社,1994.

[2] 杨宁,单崇浩,朱元照.现代养鸡生产.北京:中国农业大学出版社,1994.

[3] 中国家禽品种志编写组.中国家禽品种志.上海:上海科学技术出版社,1988.

[4] 李东.中国家禽质量性状在育种和生产中的应用.北京:中国农业大学出版社,1997.

[5] 郭强.现代蛋鸡生产新技术.北京:中国农业出版社,2004.

[6] 张振涛.绿色养鸡新技术.北京:中国农业出版社,2004.

[7] 杨治田.绿壳蛋鸡.郑州:中原农民出版社,2002.

[8] 高玉鹏.现代孵化与育雏新技术.北京:中国农业出版社,2001.

[9] 赵余放.简明疾病防治图说.北京:中国农业出版社,2004.

[10]黄炎坤.新编科学养鸡手册.郑州:中原农民出版社,2002.

[11]臧素敏.养鸡与疾病防治.北京:中国农业大学出版社,2004.

[12]江苏畜牧兽医职业技术学院.实用养鸡大全.北京:中国农业出版社,2002.

[13]王庆民,等.科学养鸡指南.北京:金盾出版社,2002.

[14]高玉鹏.现代孵化与育雏新技术.北京:中国农业出版社,2001.

[15]康相涛,崔保安,赖银生.实用养鸡大全.郑州:河南科学技术出版社,2007.

[16]艾文森.养鸡手册.石家庄:河北科学技术出版社,1996.

[17]刘瑞生.蛋鸡热应激及防治.当代畜禽养殖业,2002(9):6-8.

[18]程伟.现代蛋鸡饲养新概念.饲料博览,1999(11):11-14.

[19]冯艳秋,杨宁,俞丙梅.鸡病防治技术.北京:中国标准出版社,1999.

[20]田夫林,周元军.鸡病防治技术问答.北京:中国农业大学出版社,2004.

[21]叶岐山,等.鸡病防治实用手册.合肥:安徽科学技术出版社,1992.

[22]叶岐山,等.鸡病防治实用手册.合肥:安徽科学技术出版社,1995.

[23]王新华,等.鸡病防治问答.郑州:河南科学技术出版社,1993.

[24]季平安,苗干,王端华.实用鸡病防制新技术.北京:中国农业科技出版社,1994.

[25]杨汉春.鸡病免疫防制技术.北京:北京农业大学出版社,1994.
[26]谢式云.鸡病剖检快速诊疗图表.北京:北京农业大学出版社,1993.
[27]张中直,郑世军.鸡病诊断技术手册.北京:中国农业出版社,1996.
[28]范国雄,张中直.鸡病诊断图册.北京:北京农业大学出版社,1992.
[29]赵德明.鸡病诊断与防治手册.北京:中国农业大学出版社,1996.
[30]李广兴,仇波.鸡病诊断与防治图谱.北京:中国农业出版社,2000.
[31]杜元钊,朱万光.鸡病诊断与防治图谱.济南:济南出版社,1998.
[32]范国雄.鸡病诊治彩色图说.北京:中国农业出版社,1997.
[33]程安春.鸡病诊治大全.北京:中国农业出版社,2000.
[34]吴增坚.鸡场的兽医监督和管理.上海:上海科学技术出版社,1994.
[35]刘富强,刘益.多产鸡蛋小窍门.北京:农村读物出版社,1990.
[36]郭强,高竹,寇卫红.鸡的孵化技术及初生雏鸡雌雄鉴别.北京:中国农业大学出版社,1999.
[37]胡祖禹,李琨瑛.鸡的生殖生理和消化生理.北京:中国农业出版社,1986.
[38]吴晋强.鸡的饲料和饲养.合肥:安徽科学技术出版社,1995.
[39]呙于明.鸡的营养与饲料配制.北京:中国农业大学出版社,2003.
[40]辛盛鹏.鸡高产饲养与疫病防治.北京:学苑出版社,1992.
[41]张中直.鸡群发病诊断与防治.北京:中国农业大学出版社,1994.
[42]王和民,周毓平.鸡营养研究国外资料选译(一).北京:北京地区畜牧与饲料技术情报网,1985.
[43]吴晋强.鸡的饲料和饲养.合肥:安徽科学技术出版社,1995.
[44]赖银生,崔保安.怎样养鸡.郑州:河南科学技术出版社,1991.
[45]张永江.养鸡新技术及鸡病防治.北京:人民军医出版社,1988.
[46]傅先强,崔文才,刘占君,等.养鸡场鸡病防治技术.北京:金盾出版社,1990.
[47]黄炎坤,范佳英,等.蛋鸡标准化生产技术.北京:金盾出版社,2006.
[48]范佳英.图文精解养绿壳蛋鸡技术.郑州:中原农民出版社,2005.
[49]黄炎坤,吴健.家禽生产.郑州:河南科学技术出版社,2007.
[50]席磊,郑立.建一家赚钱的鸡养殖场.郑州:河南科学技术出版社,2010.
[51]岳华.禽病学.西南民族大学网站.
[52]视频兽医网.